Love Disengaged

我是爱你的，也是自由的

茗荷 著

中国出版集团 现代出版社

图书在版编目（CIP）数据

我是爱你的，也是自由的 / 茗荷著．—北京：现代出版社，2018.6

ISBN 978-7-5143-7141-3

Ⅰ．①我… Ⅱ．①茗… Ⅲ．①女性—人生哲学—通俗读物 Ⅳ．①B821-49

中国版本图书馆CIP数据核字（2018）第124584号

著　　者　茗　荷
责任编辑　杨学庆
出版发行　现代出版社
地　　址　北京市安定门外安华里504号
邮政编码　100011
电　　话　010-64267325　64245264（传真）
网　　址　www.1980xd.com
电子邮箱　xiandai@cnpitc.com.cn
印　　刷　三河市金泰源印务有限公司
开　　本　710mm×1000mm　1/32
印　　张　9.5
字　　数　229千字
版次印次　2018年8月第1版　2018年8月第1次印刷
标准书号　ISBN 978-7-5143-7141-3
定　　价　39.80元

自序

永远保留内心的光，

因为你不知道谁会借它走出人生的黑暗时光。

这是一本探索爱的书，也是一本探索生命的书。

或许每个人都能感受到，我们正在经历一个特别的时代。

物质水平高度发达，竞争和效率被强调到白热化的地步，迅猛发展的媒介书写着一个个迅速造富的神话，挑逗着大众的神经。我们如上了发条一般，不自觉地往前奔跑。然而，很多时候，我们并没有因此感受到宁静和安稳，反而常常感到身心疲惫，精神世界陷入极度的焦虑和彷徨。

我们看到，这个时代的女性是不易的。

幼年求学，被要求不输男儿。长大之后，因为经济和精神层次的提高，对平等对话、精神沟通提出了更高的要求。然而，世界对女性的态度和观念却跟不上女性成长的速度。女性几乎是在撕裂中经历着各种角色的转变，承担着无法言说的时代痛楚。

我们也看到，这个时代的男性同样委屈。

成长过程中，长辈们都在对他们说，你要积极向上，要勇敢，不许哭……结婚之后，妻子告诉他，你要承担起家庭责任，像个男人。在压力倍增的今天，他们，在各种关系中一样会受伤、沮丧，同样有很多的脆弱和不堪渴望被允许表达。然而，他们发现，几乎没有多少空间可以给男人表达脆弱和情感，那被认为是令人羞耻的。于是，他们只好默默地隐忍，抑或是用工作来麻痹自己。

原本，应该是男性和女性携手，在关系中看见彼此、成就彼此，但从现实看，却往往演变成，在关系中相爱相杀、不懂彼此。于是，背叛、伤害都一一发生了。我们，再也感受不到彼此的爱。

懵懵懂懂向前的路上，我们受伤，我们流血，我们沮丧，猛然抬头发现，我们可以为了我们的学业、工作投入几十年的心血，然而，无论是父母还是学校的教育，都从未真正地教过我们如何去爱与被爱，我们自己，也曾天真以为有完全默契的灵魂伴侣等着我们。

其实，爱，是需要终身学习和实践的。

我曾经和你一样迷茫，正是在付出重重代价之后，才拿起笔，把我领悟到的、咨询中观察到的、实践中获得的东西分享出来，以图和更多的人一起学习，成长，经历我们渴望经历的，体会每一刻的幸福。

这是一本融合了心理学、能量学、灵性等理念的书籍，带领大家探索与天地（父母）的关系、与他人的关系、与自己的关系，关注自我成长、婚恋关系、原生家庭、职业发展等多个方面，手把手、细心体贴地与你展开对话，探索生命的深度与高度。

掩卷而思，我们生命当中的一切都是值得感恩的。红尘就是最好的炼心场，正是在这些林林总总、看起来十分棘手的问题和关系当中，我们得以经历热气腾腾的生活，有机会遇见真正的自己，遇见内心的光。

深深地感恩所有让这本书得以呈现的人。感恩父母和家人多年来的包容与疼爱，让我能够被深深地滋养；感恩龙卫权先生、水晶及其他诸位老师多年对我在品性和心性方面的引导和锻造，让我逐渐成为一个为自己生命负责的人；感恩张德芬空间、潘幸知、壹心理、心乐土等多家媒体平台提供合作机会，让我能克服懒惰的习惯，坚持写作；感恩茗荷心理在线（mingheonline）公众号的读者们不离不弃的支持，让我在无数个夜晚深受鼓舞；特别感恩嘉树图书出版公司能在浩瀚的宇宙中发现看见我，让这一切成为可能；感恩您，打开这本书跟我对话，这是一次真诚的赴约。

这本书是写给你，也是写给我自己的，适合每一个对生命好奇，愿意敞开的人。

我保证，这是一次心与心的碰撞。

茗荷

2018 年 5 月于上海

目 录

Chapter 1

打开心的缝隙，与自己对话

Chapter 2

背叛自己，才是最高意义的背叛

Chapter 3

在爱中跋涉，遇见真实的自己

Chapter 4

在爱中涅槃，寻求更深的链接

Chapter 5

看见他人，洞见自己

Chapter 6

活成一束光，照亮你的所在

Chapter *1*

打开心的缝隙，与自己对话

我为什么会出生在这样的家庭？

仿佛在一夜之间，每个人都开始关注心理学，因为心里是否舒坦这事，实在是太重要了。

走到哪里，你都有机会听见“原生家庭”（family of origin）几个字。在不长的时间里，这个词变得街知巷闻。

与之伴随的是我们历尽艰辛，尝遍酸甜苦辣，终于找到了各种不美好的根源，原来是我小时候成长的环境造就的，原来一开始就是拧巴的，我身上的创伤太多，才导致了今日种种。

我不够有安全感？——小时候爸妈没空理我。

我经常感到压抑——小时候不让我表达。

我不敢用钱——小时候的匮乏感。

我不知道怎么处理亲密关系——跟父母关系不好。

我不喜欢小孩——小时候没被接纳喜欢过。

……

真的是这样吗？

的确，幼年时代的我们，深深地依赖着父母，我们常常通过与他们的连接去看待和感受这个世界。

在这一过程中，如果我们没有得到积极的回应，与他们的连接不够顺畅，这种影响往往是深远的。

很多心理学界的大咖都认为，这种影响有可能贯穿一生。终其一生，我们都在用各种方式修复童年的创伤。

尤其是在中国这种特别重视骨肉亲情的国家，与父母之间的爱恨纠葛，影响要更为深重。我们不知道以多少扭曲的爱的方式，来温暖又伤害着彼此。

理论上说，家族和谐，夫妻感情好，整个家庭氛围好，培养出的孩子大多性格较好，抗挫折能力也较强。

但是，夫妻感情差，支离破碎的家庭就一定会培养出一个性格不好的孩子吗?

答案也不是绝对的。

你不是父母的翻版

先给大家讲一个故事。

D 君是我“闺密”里面最温柔的一位先生，见谁脸上都是笑眯眯的，人缘特好。当初他能获得老婆的芳心，就是因为老婆的朋友鼎力推荐，说他“人品性格好”。

的确如此，不管婚前还是婚后，他都对老婆疼爱有加。老婆偶尔加个班，他还跑到她单位陪着，护送回家。儿子身体不够好，他也是忙进忙出，亲力亲为，时常可以看见他陪着儿子下棋玩耍的温馨场面。

我一直以为这种疼爱家人、人缘超好的人，一定是成长在一个很有爱的家庭。

可实际情况是，他的母亲在他年幼时就跟相好私奔了，他和姐姐是由爸爸独自抚养大的。

虽然很多年以后母亲回归了，但他小的时候，不知道遭受了多少白眼和冷遇，也承载了父亲难以言说的痛。

如果要追溯原生家庭，这恐怕是一部血泪史。然而，在他的脸上，你看到的更多是他作为父亲对孩子的疼爱，作为丈夫对妻子的尊重。

也就是从这种人身上，我开始反思，原生家庭到底对一个人能有多大的影响，而这种影响施加在不同的人身上，效果是否会一样？

曾经看过一篇文章，大意是同样一个家庭，姐姐觉得成长的过程有太多痛苦，觉得不被理解，从没被父母好好爱过。长大之后她跟弟弟深聊了一次，发现弟弟对往事的记忆居然和她大相径庭。

在弟弟眼中，父母不仅尽自己最大的力量爱着他们两姐弟，甚至弟弟本身，也在尽力宠着让着姐姐。姐姐忽然意识到，原来全家人宠了她快三十年，而在这之前，她竟毫无察觉。

虽然在心理学发展史上，不少心理学家在环境对人的影响方面做过很多有意义的研究，然而，人性简单而又复杂，并非能随意塑造和影响。

一方面，我们得看到原生家庭对于一个人成长的影响，但是也万万不可绝对化，把你今天性格中所有对抗的一面归结于童年。

因为，事件本身是一个原因，而对这个事件你怎么看，感知到什么，做出什么反应，往往更重要。

这也是为什么在咨询过程中，咨询师关心你的感受比事件本身要多的原因。因为，了解那个事件并不足够，我们更需要了解来访者的认知以及他当时身心上的感受。

你看不见，爱还是在

有个朋友，经常在我面前申诉从来没被父母好好关爱过。因为家里孩子多，而她，又是个女儿，所以，常常被忽视，常常被“欺负”。

大学毕业之后，她一直远离着家庭，遇到重大挫折的时候，经常不告诉父母。

我理解她在每一次事件中感受到的那种被抛弃和忽略的心情。

然而作为一个旁观者，除了看到她说的这些，我同时看到，她的父母也十分不易，子女众多，不仅要供吃穿，还供女儿读了大学。

这是一个了不起的选择。

她的父母也可以如其他农村里的很多父母一样，让女儿早早嫁人，分担家庭负担，可是他们没有这么做，还是让女儿顺利地上学了。

我曾经有两个初中同学就是因为父母送她们上了中专而不是高中最后选择了自杀。自那之后，我开始明白，在中国这种国情下，对于一个并不宽裕的农村家庭来说，把一个女儿送去上大学其实并不是一件那么理所当然的选择。

后来一次机缘，我和朋友一起见到了朋友的母亲，我看见她急切地问候许久未见的女儿，伸手帮女儿摘去身上的头发，传递给我的是无法言说的温暖。

我们父母那一代人，小时候兄弟姐妹众多，吃饱穿暖已经属于不容易的事情。去问问他们，几乎每个人都有夭折的兄弟姐妹。

看看他们的童年，很多时候都伴随着饥饿和资源争夺，能活下来，已经是万幸。如果能从繁重的体力劳动中解脱出来，读书就业，那就是上了天堂的感觉。

如果你依赖原生家庭理论，他们比你有更重的创伤。有时候你会看见他们过分地节俭，有时候你会看见他们活在各种担忧和恐惧之中无法自拔。

若谈论到是否被父母好好地关爱过，他们更有理由说“没有”。可是，你见过他们去埋怨自己的父母吗？恐怕更多时候，是觉得自己没能好好孝敬父母，没能为父母做什么。

我们学习提升自我的目的，是为了遇见真正的自己，更好地和他人相处，而不是用一套听起来有道理你很认同的理论去指责评判他人。

我们通过学习，看到了家庭对一个人的重要影响，可以分析，但不用指责。

因为，你是在对一个自己内心都有很大空洞的人提出高要求呀。

还未曾有能力爱自己的人，又有那么多艰难的生活问题需要解决，他们没有能力也没有精力去温柔对待你。

但这并不代表，他们真的不爱你。

当你没有感受到爱的时候，并不代表爱不在身边，也许爱并不以你喜欢的方式在表达；同样，当你觉得受伤的时候，并不代表别人要故意伤害你。

你完全可以自己负起责任

每个人都希望，妈妈永远是温柔的，爸爸永远是刚强有力的，父母永远是爱自己的。

但实质上，没有家庭是完美的。就算现在的你拿出全身力气去爱孩子，孩子也会感觉不堪承受。

信不信，我们的孩子长大了也能看到我们百般的不是和缺憾?

管得太多，控制欲太强，没有自由……

在做父母的路上，我们每一个人都永远是学生。

既不用苛求自己做个完美父母，更不用去要求自己的父母变成你心目中的完美父母。

于己于人，留有余地，这是一种智慧。

透过问题看到爱，这是一种能力，更是一种体悟。

我们经常可以碰见三四十岁的人，把“原生家庭”挂在嘴边，沉醉于各种分析当中。每当有人这么侃侃而谈的时候，我更多的是看见了这么一个场景：

一个犯了错的孩子，被人批评和指责的时候，他一直在说：“这不是我的责任啊。”

当然，也看见了逃避和无奈。

对自身不满意，然而又找不到更好的心安办法，只好抓住过去，在里面安全地待一会儿。

其实，我们的细胞每个刹那都在更新，你早已经不是前一秒钟的你。或许从精神层面而言，过去的经历留下了影响，然而，只要你拿出对自己负责的态度和勇气，直面问题去动手解决，变化就会发生。

如果你自己通过学习和体验，找回你本来的样子，你甚至可以成为爱的魔法棒，去影响和感染你的家人。

不要把原生家庭当作不肯成长、改变的借口，因为，那始终是一种外归因。

向外求，离道愈远。

你的幸福、快乐掌握在你自己手中。

关于原生家庭，或许我们需要努力的方向在于：

▷ 若是可以，深深感恩父母的养育。

▷ 做不到感恩，请理解父母的难处。

▷ 与父母和自己和解。

▷ 过去原生家庭中发生的一些事情，你不需要负责任。

▷ 从今天开始，你所做的每一个选择，你都要自己负责任。

如果你愿意，每一刻都是新的。

本质上就是如此，分分秒秒都是新的。

阅+

如何看待原生家庭对个人成长的影响？

不可否认原生家庭在孩子成长过程中的影响，但我们学习相关理论，是为了了解自己，认识自己，甚至是理解父母，而并不是拿来批判父母和推卸责任的。

童年时候发生的事情，我不需要负责任，但长大之后，我需要为我的所有言行负责。

有界限的爱，才能长久

戏里戏外都能看到人生。

从小到大，我的父母都非常疼爱我，或者说我一直生活在一个始终能看到父母之爱的家庭里，我以为天底下的父母都是这样的，直到看到电视剧《欢乐颂》里的樊胜美，我才真正理解了他人给我描述的那种夹在家人的要求和自己不堪承受之间的痛苦。后来又看到演员徐婷离去的消息，我更觉得要跟大家分享几个故事，写写心里一直想说的话。

正值大好青春的姑娘徐婷患了绝症，比这个不幸更让人心痛的是，她在微博中写道："这 26 年来我好像从来没为自己活过……在我得知得了癌症后居然有一丝的轻松……我感觉我要解脱了。"

她过世之后，有很多人写文章来谴责她的父母。因为资料的欠缺，我们无从得知她成长的具体环境，如此贸然去苛责她的父母，其实是有些残忍的。毕竟，他们全家都曾想尽办法去挽救徐婷的生命，女儿的离世，最伤心的就是他们。

唯一可以确认的是：徐婷太累太累了，她的懂事超出了她的承受力。给弟弟付学费，给爸爸妈妈还债务、买房子，不敢为自己花钱，所以在生病的时候，反而会感觉到异于常人的“轻松解脱”。

活得如此之累，固然有家庭的因素，但她过于懂事和孝顺，在家族中一定程度上充当了父母的角色，也是很重要的原因。可以说，她看见了所有人的需求，唯独没有看见自己的。

徐婷是一个很极端的例子。我们身边更多的人，是在与家人的交往之中找不到界限，不敢独自偷欢，深陷在无止尽的纠缠中痛苦不堪。

——姑娘 A，人长得美，能力强，伴侣对她也体贴，但她一直闷闷不乐，甚至有些忧郁。

跟她深聊，发现她所烦恼的事情都是关于家人的，今天弟弟开车撞人了，明天表妹家拆迁想花钱搭棚子多得一点补偿……事事都来找她，她接电话接到手软，最后发展到别人一开口，她就自动条件反射说：“说吧，需要多少钱？我明天给你打过去！”

实际上，她也只是在上海的普通打拼者，父母需要供养，弟弟闯祸都是她来擦屁股，再加上自己小家庭和工作上的事情，烦不胜烦。问她自己有什么需求，她说：“我想不起来，我已经忘记我有什么需求了。”“我一年几十万的收入，到现在都没有出国玩过一次。”

——姑娘 B，是家中的长女，还有弟弟妹妹，可是，只有她一个人是通过读书就业的，生活过得挺不错。

成家之后，她放心不下家里，不管是弟弟妹妹还是父母的事情她都去张罗，她说："在内心深处，我觉得父母供我读书，而弟弟妹妹没有读，我对他们永远有亏欠。"

因为刚刚结婚，能力有限，一边要经营自己的小家庭，一边还要去贴补娘家，引起了婆家的介怀，她承受了很大的压力。

再后来，她得了严重的肾病，不能走路了。她说，那个时候觉得生病了虽然痛苦，但内心却是轻松的，因为再没有人找她，也不用对任何人负责了。

幸运的是，她后来碰到一个好中医，不仅把身体调治好了，更是听从了中医的建议，慢慢学着调理自己的心态和情绪。这场病让她想明白了一个道理：当你超出你自己能力范围去帮助人哪怕是家人的时候，只会把自己也拖入深渊。

——姑娘 C，自小没了父亲，妈妈独自带大三个孩子，她作为唯一的女儿不仅上了名牌大学，还有了不错的经济条件。

弟弟要找工作，她托人花钱找关系，不遗余力地帮他。但是，当弟弟提出要她出钱给他买车时，她说："买车不属于必要消费，你有能力就自己买，没有能力就存够了钱再买。"

哥哥刚刚在她的帮助下买了房子，这头又想买政策房倒卖，无奈手头资金不够，找她借，她说："这个房子，你有钱可以买，没有钱就算了。"挂了电话之后，虽然她内疚了一个礼拜，但她觉得自己没做错。

A、B、C 的处境既相似又有所差异。

A 在咨询师朋友的引导下已经看到了隐藏在大包大揽之后的自我需求被压制的问题，但是，还没有开始行动。

B 已经从过去的经历中突破了自己的模式，对妈妈说"我有我自己的日子要过，以后，不是特别重要的事情我不管了”。自此，不仅身体好了，跟婆婆和老公的关系也越来越亲近。

C则是很智慧的人，她认为，自己能够考上名牌大学，过上不错的生活，都是通过自己一路努力拼搏争取到的，不欠任何人，其他兄弟的生活不顺她可以帮助，但不是无限制的。

无论是徐婷还是三个姑娘，其实都是内心非常善良孝顺的人。她们的故事，共同指向一个核心问题：“家”对中国人意义非凡，但是，我们该如何划定与家人的“界限”呢？面对家人的求助，我们的帮助到什么程度才合适？

不爱自己，焉能爱人？

无论是家庭还是学校，我们从小接受的教育都是“先人后己”，如果拿了好吃的先考虑自己，就会被框上“自私”的罪名，如果先拿给别人或者放弃那些长辈反对的想法和需求，父母和老师就会表扬鼓励。渐渐地，有些孩子开始知道怎么样去迎合长辈的期望了，哪怕自己再想要一件东西，都不敢诚恳地表达。

长大之后，这种孩子的行为模式经常是压抑自己的需求，先满足别人，甚至是去迎合别人。在这些人的潜意识里，如果我诚恳地表达自己的需求，是不会被接纳的，也是不受欢迎的。我只有让别人满意了，才可能被喜欢。

所以，他们一再地不敢要那个最想要的东西，不是退而求其次，就是对着一件明明很渴望的事情说“我不想要”。自己的需求已经长期习惯被压抑，慢慢地，就算是碰见真正尊重他们的人询问他们的意见，他们的回答通常都是“我随便”。

是不是觉得这三个字很熟悉呢？随便是什么？随便意味着一是缺乏创意，二是他自己真正的需求不敢对外说，或者说压根已经习惯了没需求。

长此以往，别人满意了，可是，他却在内心里觉得不快乐。

一个并不觉得自己重要，值得爱的人，往外散发的是一种什么样的能量场？

“我允许你们不尊重我，我允许你们不爱我。”

于是乎，他得到的，就是别人的不尊重和不爱护。

勇敢地对不愿意的事说“不”！

儿子最近学会了一句英文：“No，I can't.”当他不愿意做一件事情的时候，他就把这句英语搬出来。我在感到好笑的同时，其实很欣赏他敢于真实地表达自己。

我们经常听到一句话“好人不长命”，为什么呢？因为“好人”对自己和他人都不够真实，明明不喜欢的事情，为了照顾他人的情绪也会去做，明明没余力帮别人的时候也要去委屈自己先帮了再说。对他们来说，说一个“不”比登天还难。

我们常常可以看到那些教人积善积德的教导。这些正心正念本身非常好，但有一个前提，哪怕是一个小小的善举，你都要在心甘情愿的情况下去做，否则，你就是在分裂自己，你只不过是惧怕更高层面的一种法则而已。

一个连自己都无法真实面对的人，身心是不可能多么健康，多么具有创造力的。

当你对自己不够诚恳和爱护，你给出去的爱是没有力量的，也是不可持续的。不是以生病，就是以压抑到最后爆发作为结果。

“自私”点吧，对你不愿意的事情勇敢地说“不”。没有必要因为你消费了一样东西就觉得家人一定要跟着一起消费，更没必要因为拒绝别人不合理的要求而觉得内疚。

比如，姑娘 C 的哥哥曾经在她读书的时候帮过她，等哥哥买房子的时候，她把自己当时所有的积蓄都给了他。和帮弟弟找工作一样，在她看来，这些都属于合理要求，她帮得心甘情愿。但是，面对亲人进一步的不合理要求，她敢于说不。甚至正因为平时并不是大小事都操心，在逢上大事的时候，包个红包，彼此都高兴。

舍得让亲人受苦才是真慈悲

我们来到这个世界上，每个人都有属于自己的生命课题，如同打游戏一样，只有自己通关了，才会真正成长。

假设在他通关的过程中你介入去解决了，那么他还得重复地循环这种模式。

有句话说“慈母多败儿”，大部分原因就在于，当母亲看到孩子遭受生活中的困难时，冲上前去替他解决掉，然后孩子并没有通过这件事情得到教训，他会继续地遭遇类似的磨难，直到酿成大祸，母亲再也兜不住。

比如我们的姑娘A，在外打拼不容易，但是每当她母亲在电话中哭诉弟弟最近又出了什么事儿需要帮助时，她只要稍加抵抗，母亲就会进一步哭诉弟弟的难处，丝毫没有意识到作为女儿的她也有难处……A姑娘不忍看见母亲痛苦，于是一次又一次地选择了妥协，给弟弟擦屁股。

到后来，弟弟日子过得好好的居然搞婚外恋，全家又是鸡飞狗跳。

从一定程度上说，如果一个家庭里有一个特别不长进的人，原因往往在于其他人对他太宠溺，他自己未曾真正地承担过行为的后果。

放在孩子成长的问题上，其实也是如此，孩子是通过一步一步探索世界来提升自己的能力，从而获得一种把握感的。假设你越俎代庖，他就会出现行为和心理上的退行，明明已经是成人，可是心智水平还很低。

当这些人有自己的家庭之后，往往无法处理好亲密关系，他要求伴侣像大包大揽的母亲一般对他，甚至跟孩子去争夺配偶的关注，如果达不到这种要求，就各种作，甚至导致婚姻破裂。

也有不少人，如姑娘B之前一样，在成家之后，心始终放在原生家庭，不断地为亲人们操心，却忘记了自己的小家庭也需要经营，最终引发和伴侣甚至和婆家之间的矛盾。

从某种意义上说，**舍得让亲人受苦，而不是见苦就救，是一种真正意义上的慈悲。**

也许会被误解，但终究会被理解。即便不理解，他成长了，也是善莫大焉。

当然，我们有必要说明的是，有“界限”的意思不是说让你对亲人的困难冷漠待之，当亲人真的需要帮助的时候，即使是砸锅卖铁我们也得上啊。然而，你的帮助，需要把握三个原则：

▷ 对方的要求合理。

▷ 你能承受。

▷ 你心甘情愿。

如果这三个条件不能满足，你还是暂缓行动的好。

与其违心做了自己不愉快，还不如一旁守望，各自相安。

比方说姑娘 C 的哥哥想通过倒卖政策房发财，这已经属于贪心了，当然可以理直气壮地拒绝。而演员徐婷自己几乎不花钱，把钱全部拿去支持家庭，这就已经超出了她的承受范围，成了她生命里不可承受的东西。

多说一句，对那些从不对我们提要求的亲人，我倒是主张在他们陷入困境的时候主动去嘘寒问暖，提供必要的支持，因为，他们往往属于把困难打碎了吞进肚子的人。

你的支持，会是雪中送炭，令人倍感温暖。

阅+

如何和家人建立有界限的关系？

中国是一个特别重视亲情的国家，家人之间的深深纠缠让人痛并快乐着。但面对亲人朋友的求助，我们也需要在承受力允许的范围去帮助。

我们需要把握以下几点：

- 对方的要求合理。
- 你能承受。
- 你心甘情愿。

你这么年轻，到底在焦虑什么？

▷ 你被“油腻中年男”和“肥腻妇女”刷屏了吗？

▷ 你是胖子吗？

▷ 你学习了吗？

▷ 你是不是总是待着不动？

▷ 你是不是总在追忆从前？

……

这些问题无疑扎了无数中年人深陷“中年危机”的心，但是，年轻人即使有着显著的年龄优势也无法避免被危机波及，他们同样在为让人焦虑的问题揪心——“90后”的“脱发”问题！

所以，年轻人也有不得不面对的残酷的“青年危机”。近日，阿里健康联合阿里数据，对外发布《拯救脱发趣味白皮书》，给当下的年轻人补了沉重的一刀。

数据显示，脱发不再是中老年人的专利，脱发群体年龄正在下降，“90后”脱发人群有超越主流人群的趋势。

与此同时，来自《2017都市女性健康洞察微报告》的数据表明，在咨询脱发问题的女性人群里，20～25岁年龄段的女性数量排在第一。

你，脱发了吗？

花样的年纪，为什么被脱发这种以前是中年人才有的问题所困扰呢？

我们眼中的年轻人，是满脸胶原蛋白、无所畏惧、充满活力、生龙活虎……可现实给我们勾勒的年轻人画像却是睡眼惺忪、疲惫不堪、暮气沉沉、深受脱发问题困扰……

年轻人不堪承受的压力和内心无法丈量的焦虑都已经写到了他们的身体上。

年轻人到底为什么而焦虑？

小 A，女，26 岁，互联网公司员工，月薪 2 万 +，因为经常加班，她最大的困扰就是睡眠不足。至于家里人操心的男友问题，她表示无暇顾及，她唯一的爱好就是宅在家里看个片子，睡个觉。公司有末位淘汰机制，看到同事们个个都很优秀，她自感压力巨大。焦虑，是她常挂在嘴边的词。

小 B，男，28 岁，某行政机关普通科员，月薪 6000+。主要负责文字工作，经常熬夜写稿，周末加班是常事。面对高昂的房价和狭窄的上升通道，内心很煎熬，但又不能轻易舍弃得来不易的稳定工作，父母在农村，有时候还需要他接济。

小 C，男，29 岁，区块链行业从业者，月薪 9000+。因为听过太多在这个行业一夜暴富的神话，除了本职工作之外，他早早地开始用为数不多的钱进行投资理财。曾经赚进百万，也有一夜爆仓的经历。对未来怀着希望，但有时候仍免不了迷茫和焦虑，早早生了白发。

他们，只是城市里万千年轻人的几个代表而已，却清晰地传达着焦虑：

▷ 工作压力大，超负荷工作成为常态。

▷ 经济窘困，想要更好的生活，面对现实却深感无力。

▷ 越来越多年轻人成功的神话刺激着他们的神经。

▷ 想要个家，却找不到知心爱人。

▷ 平庸生活带来的困顿和迷茫。

或许我们没有能力在短时间去改变周遭的现实环境，但是年轻的身体都已经发出了不适应的信号，我们应该看到生命发出的这种邀请，认真地跟自己开展一场对话。

不被无法复制的成功裹挟

张爱玲的名言“出名要趁早”，不知击中了多少想要“留下点什么”的人的心。

互联网浪潮成就了一批又一批年轻的成就者，我们每天都可以从媒体上听到这样那样的“神话故事”：

OFO 创始者戴威是“90 后”。

摩拜创始者胡玮炜是“80 后”。

动辄融资上亿的公众号背后也大多是 20 来岁的年轻人……

太多年少成名的故事刺激着我们的神经，但一觉醒来，自己还是那个每天匆匆吃着早餐，需要上下班打卡，经常被信用卡账单吓到的人，渺小而世俗。

都是 20 多岁，为什么他们可以运筹帷幄、光鲜亮丽，我就庸庸碌碌、灰头土脸？有多少年轻人问过自己这句话。

可是真的不要太和那些成功者的故事较劲。成功有的时候是一个综合的结果，有努力，也有机遇。

如果你只是看到了他们的成功就以为自己可以迅速复制，那是不现实的。何况，他们的身后，又倒下了多少没有进入媒体视野的失败者？

我们可以有梦想，有志向，但我们也需要知道，大多数的成功还是需要一步步去积累，一夜暴富毕竟只是一个心愿。

我们被不断地强化着成功的单一标准：用最少的时间，赚更多的钱，拥有好的社会地位，抑或是扬名万里。可成功的标准就是这么单一吗？恐怕未必吧。

每个生命都是独一无二的，也值得选择最符合自己特质的生活方式，只要是过成自己想要的样子，都是成功啊。

我们没必要被纷纷扰扰的成功学说绑架，按照自己的节奏一步一个脚印，20 多岁，正是你人生资本累积的黄金时期。

不早早固化自己的生活

面对今天重复昨天、明天复制今天的平庸而相似的生活，我们每个人在内心里都渴望有所不同，或者让生活更有趣一些。

我想换个工作，可是我除了会做财务其他都不会怎么办？

我想去国外深造，可是我的英语不够好。

……

内心有很多很多想法，但是因为这样那样的原因，最后都不了了之。如果我们过早地给自己加上了条条框框，我们很可能就一直活在他人和自我的限定里。

琴子姑娘年龄 30+，之前是一家大型国企的董事长秘书，后来又考了教师证，读了博士，做了老师。她会利用每一个空暇去做自己喜欢的事情。

最近，她在准备签证去外国学开直升机，去学潜水，真的是惊到我了。她说："人生，哪里有那么多这不行那不行呢。""搞不好哪天我爱上潜水，就去当潜水教练了呢。"看着她满眼放光，我一点都不觉得她是随口说说的。

我经常会听到有人说：

"等我退休了，我就去周游世界。"

"等我有钱了，我就开个咖啡店。"

可是放眼望去，真正把生活过得有趣的人往往只是少数。大多数的人不过是活得老气横秋，抬头抱怨社会压力大，低头刷刷手机，焦虑油然而生，把空虚当作孤独，把三秒热度当作努力，等到青春消耗大半时才后悔遗憾。

相对于畏手畏脚的中老年人，年轻人试错成本更低，如果不试试就放弃，早早地限定了自己的人生，难道不觉得可惜？

不念过去，不畏将来

我们感到焦虑，常常是因为相对于中年人和一些年轻的"富二代"，我们的物质基础尚且不足，手中无粮，心中发慌。另一方面，对失去的人和事懊悔不已，对未来毫无把握，甚至感到深深的恐惧和担忧。

然而，想迅速解决我们所在意的婚恋、房子、工作等现实问题，往往欲速则不达。

与其让能量在焦虑和担忧中耗费掉，每天惶惶于逝去的昨天和看不清的明天，不如好好地改变今天，不要等一天结束才感叹“又是一事无成的一天”。请花更多的精力去工作、阅读、运动，过好每一天的生活。

我有个朋友，一直渴望有自己的房子，但是因为攒不下首付，一直没有实现这个愿望。我去看望他的时候，他家里乱糟糟的，问他为什么不收拾一下，他说：“这种破房子有什么好收拾的，等我有了自己的房子，我再把它收拾好。”

可是在我看来，他租的房子格局方正，光线敞亮，除了装修略陈旧之外，稍微收拾，就是一个温馨的家。房子是租的，当下的生活并不是。

一个当下不在天堂的人却幻想着将来进入天堂，其实是一件并不现实的事情。

曾经在年轻时辍学做普通营业员，后创业成立 TABILABO 媒体，并迅速占领日本舆论中心的久志尚太郎曾经一针见血地说：**“你所谓的焦虑，不过是对未来的恐惧。”**

我非常认同这句话，与大家共享。

阅+

如何区分焦虑与焦虑症?

焦虑：正常人在面对困难或有危险的任务，预感将要发生不利的情况或危险发生时，可产生焦虑（一种没有明确原因的、令人不愉快的紧张状态），这种焦虑通常并不构成疾病，是一种正常的心理状态。

焦虑症：又称为焦虑性神经症，是神经症这一大类疾病中最常见的一种，以焦虑情绪体验为主要特征。可分为慢性焦虑即广泛性焦虑和急性焦虑即惊恐发作两种形式。主要表现为：无明确客观对象的紧张担心，坐立不安，还有植物神经功能失调症状，如心悸、手抖、出汗、尿频等，以及运动性不安。

注意区分正常的焦虑情绪，如焦虑严重程度与客观事实或处境明显不符，或持续时间过长，则可能为病理性的焦虑。

你为什么会对痛苦上瘾?

英国电视剧黑镜 *Black Mirror* 第四季一经推出，仍然牢牢地吸引着观众们的眼球，最让人印象深刻的当属第六集《黑色博物馆》。

这一集通过四个小故事，探讨了看起来高大上无所不能的科技一旦被运用过度，给人造成的颠覆性的创伤和痛苦。

影片第一个故事讲述的是一个对痛苦上瘾的医生道森。

对于一名很想替患者解除痛苦的医生来说，最大的困扰往往在于如果遇到危重病人，无法在短时间内做出准确的判断，甚至花费巨大的人力物力都无法找到病因，耽误了治疗。

影片中，黑色博物馆的经营者海恩斯发明了一种超酷炫的头罩。

只要戴上，通过接收器，就能把人的感受从一个大脑分享到另一个大脑。

医生道森成为该头罩的试用者，他将自己的神经与病人的神经相连，从而直接感受病人的痛苦，极其快速地做出最精确的诊断。

一时间，道森成了炙手可热的医生，他深陷其中，陶醉于自己的这种感受力。甚至，他运用到了性爱当中，可以同时感受到对方和自己的高潮，有了超乎寻常的美好体验。

然而，随着道森承受的痛苦越来越多，他竟然迷恋上了这种感觉。

为了自己的私欲，他竟沉迷于享受痛苦，而没有及时救助伤员，导致医疗事故被医院开除。

最终，为了继续体验痛苦，他不得不走上自残的道路，一刀又一刀划向自己……

为了更好地体验恐惧时候的痛苦，他选择杀人取乐，并在高潮状态下成为植物人。

欣赏影片的同时，引发一个很容易被我们忽略的问题：为什么人会对痛苦上瘾？

我们生活在尘世，本能地追求着幸福和快乐，然而，会被忽视的一点是：

我们不仅会追逐欢乐，一样会不自觉地追求痛苦。

如果你不曾意识到，可以想想是不是有类似的这种经历？

伤口结痂之后，如果不去碰它，过几天就会好，可是有时候就是忍不住去挖。

把痂撕扯下来的时候，丝丝痛，但却隐隐约约伴随着酸爽的满足感。我们在痛苦的感受弥漫的时候，竟然能找到上瘾的感觉。

面对失去的恋情，我们一遍一遍回味着对方伤害自己的那些语言和行为，哪怕浑身战栗，心在滴血也不愿意停止。

乐此不疲地回忆、诉说，仿佛不这样就对不起过往的岁月。

在咨询中，也经常可以听到来访者不断地诉说自己的痛苦，一遍遍回味着痛苦的细节。

但成熟的咨询师往往并不会马上被带入对方的情绪当中去，而是保持一定的理性。

仔细地观察，对方是否真的有意愿从这种痛苦中脱离出来，还是说沉浸在痛苦当中感到安全和隐隐约约的快乐。

对痛苦迷恋的原因很多，最首先的在于：

痛苦，能够带来隐约的快感

从影片中可以看到，道森之所以会迷恋痛苦，是因为在戴上头罩感受痛苦的时候，他找到了类似于在性爱中体验高潮的快感，所以任凭同事询问，他都沉浸其中，忘记了需要救治病人。

来自麦吉尔大学的 Robert Zatorre 及其神经科学家团队曾发表报告称：令人情绪激动的音乐，可以使大脑主管愉悦和奖励的中心，释放出多巴胺，类似于美食、性爱和毒品的效果。

积极时如此，极度悲伤时也是如此。

我们不自觉地沉迷于痛苦带来的自虐般的快感，以及自艾自怜的满足感。

痛苦时，多巴胺分泌也会加重，如此反复的刺激之后，会将痛苦与快感联系起来，形成条件反射，对痛苦上瘾。

痛苦，也是我们铭记过去的方式

很多时候，我们是真的需要“痛苦”的。

前不久，江歌被杀案发生之后，很多人对她妈妈说，“忘了吧，放下吧”，江妈妈十分倔强地说：“怎么可能忘记，她是我唯一的女儿。”

江妈妈精确地记得女儿被害多少天，一天一天痛苦地往前熬。很多人都很心疼她，希望能够让她摆脱痛苦。

然而，心理咨询师的态度却不一样，大家在群里纷纷讨论，一致认为，在这个阶段，痛苦，是她缅怀女儿的方式，痛得有多深，往往就代表着她跟女儿的连接有多深。

她在以自己的方式，铭记着女儿。这在某种程度上，也是她心甘情愿的选择。如果让她假装忘记了，放下了，反而对她健康不利。

前不久获奖的电影《海边的曼彻斯特》，是一部让人看完后感觉悲伤无处倾吐的片子。

主人公因为一次疏忽，忘记关掉家中火炉的挡板，导致家中失火，安睡中的三个孩子全部身亡。

跟妻子离婚之后，他离开了熟悉的环境，从事着收入很低的工作，断绝了跟外界的大部分联络，过着最低保障的生活。

在某种程度上，他就是要通过对自己的折磨，让自己感到痛苦来赎罪，这是让他可以活下去的一种选择。

所以，面对失去至亲的人，有的时候，我们不是要着急劝慰别人放下，而是需要鼓励他表达悲伤和痛苦，允许他跟这些情绪待在一起。

人生无常，如果亲人爱人的陪伴都是有限的，我们什么也抓不住，或许，痛苦和悲伤，就是我们能够把握的一部分了。

痛苦，是我们感受存在的方式

人类自跟母体分离开始，就始终存在着某种程度上的孤独和虚无感。

随着人对“我”这一概念的清晰，这种分离焦虑会不断扩大。与之伴随的，是更深层次的孤独和寂寞。

所以我们需要有酸甜苦辣的经历来度过一生。痛苦与欢乐幸福一样，也是这剧本中的一个篇章。

我们不断地制造问题，然后又想办法去解决问题，周而复始，哭过、痛过，不断地折腾自己，以证明自己是真实地存在过，活过。

一部分人自己厌倦了这种重复经历问题，遭受痛苦的模式，奋起寻求改变，获得疗愈和成长。

也还有一部分人，会觉得尽管是痛苦的，但是至少待在原地是熟悉的，安全的，可以避免直面深层次痛苦、撕开伤口时的那种痛，所以选择了不断重复去经历一些事情。

在咨询中，我们通常不会要求来访者去改变什么。相反地，有时候，还会引导人接受现在的状态。

因为一个人，如果不是自己真的想改变某种模式，待在现在的状态，是有某种理由的。而这种理由，或许是他某种体验的需要。

如果你对某种痛苦的某种嗜好，并不影响到自己和他人的生活，其实也未必要去通过一定途径改变，这在某种程度上是你在寂寥人生中生命体验的需要。

但是如果你对痛苦的嗜好如影片中道森医生一样造成伤人伤己的影响，或者是你深深地厌倦了它，准备拿出最大的勇气去改变，那么，走进咨询室或者是自己开始着手调整身心，都是很好的方法。

是否能够结束痛苦，根本上在于你是否还需要这样的体验。

阅+

帮人摆脱痛苦，我们需要注意什么？

我们常常急于帮助身边人去摆脱痛苦，然而，需要注意的两点是：

- 千万别剥夺他人体验“痛苦”的乐趣。一个人只有自己想离开某种模式的时候，才能真正地离开。
- 迷恋痛苦，对于我们的生命或许并非全无积极的意义。

少年气和少女感，会停留在什么样的人身上？

说到朴树，我们会说他“人到中年，却还活得像个少年”。

说到刘若英，我们会觉得她“历经沧桑，归来仍是少女”。

冯小刚导演的电影《芳华》，让我们认识了影片中萧穗子的原型杨慧，在某节目录制现场，58 岁的她，体态轻盈地走上舞台，哪里能看出时间的刻痕。

时间，好像并不是对每个人都公平，要不然，为什么在有的人身上看不到时间的痕迹；要不然，为什么有的人身上永远带着一股清冽的少年气或者新鲜的少女感？

再看看逐渐远离自己的青春的尾巴，更加明白拥有少年气、少女感，是多么珍贵。

那我们肉眼可见的少年气或者少女感，到底是什么东西？我们能不能成为一个不被时间追赶的“中年少女”或“归来的少年”？

“少年气”和“少女感”是什么?

每个人都有着自己的活法，有的人，年纪越大，越发沉稳睿智，活出一番知性和优雅；有的人则是一如少年时期的灵动和活泼，人到中年，依旧是天真烂漫，轻盈新鲜。

这都是我们体悟一番人生之后所做的选择，而后者，往往就呈现出一种自然的少年气息。

多年前，我有幸拜访过革命老前辈周苏菲女士，当时她已经86岁，老太太穿着十分合宜的服装，还涂着指甲油，戴着好看的丝巾。

见到我们的时候，她拿出切好的枣片泡水给我们喝，跟我们一起吃饺子，给我们讲她跟丈夫马海德（中华人民共和国成立后第一个加入中国国籍的外国友人）在延安相识并且相恋的故事，还细细介绍家中每一件家具背后的故事……

在她身旁，你丝毫不会觉得她是一位老人，反而像一个正值青春的少女，充满着朝气。就是这股朝气，让人觉得年龄并不是一个绝对的数字，而是一个相对的状态。

在我们的生活当中，偶尔也会碰见这样的人，他们身上，往往有一种不为年龄所影响的特质，越活越通透:

他们保有赤子之心，保有原始的天真；

他们一直在找新鲜感，不信奉“平平淡淡才是真”；

他们没有停止努力，相信付出了会有回报；

他们不会瞻前顾后，想拥有就去追求；

他们不被拥有的东西捆绑，失去了就努力再去拿回来；

他们不会逃避，反正明天又是新的一天；

他们不在意别人的眼光，纯粹为了自己而活着。

你大可以回忆一下学生时代的自己，那个还真正处于少年少女年纪的自己，是不是有一种“天不怕地不怕”的勇气，是不是走到哪里，都能自带光芒，照亮身边的人？

那，就是传说中的少年气和少女感。

“中年感”是什么？

天真和勇气，不是那么容易被保留的，所以才会显得弥足珍贵。朴树说：“不是我过于少年，我是觉得这个国家的人提前老掉了。”这个“老”，何尝不是一种失去。

复旦大学的老师陈果曾经聊到关于“衰老”的话题，她说：

“‘老’是生理，‘成熟’是心理，‘衰’指的是精神层面的颓废，‘老’指的是身体上的衰败。有些人‘未老先衰’，实质上是精神往下坠，往下堕落，是由内而外的腐坏和退化。”

当我们一次又一次地讨论“中年危机”时，也就展现了这个时代，年龄带给我们的焦虑和恐惧，因为大多数人，确实随着增长的年纪，丢失了天真和勇气，离当初的那个少年和少女越来越远，也就一次次地被“中年”这个词戳中痛处：

他们被环境同化，再也找不回当年说“要改变这个世界”的自己；

他们不敢尝试新鲜的事物，害怕自己无法驾驭；

他们不再苦苦追求，而是陷入了“有更好，没有也无所谓”的状态；

他们被拥有的东西捆绑，担心无法承受失去；

他们会逃避选择，担心选择带来的未知；

他们活在别人的眼光里，而渐渐失去了自己；

他们说话时都不再像一个少年，有人吞吞吐吐，有人絮絮叨叨，有的人话到嘴边，变成一个叹息。

最近很流行的说法“佛系”，表达的其实也是这种状态：对什么都开始淡然，提不起兴趣，找不到动力，充满颓废气。

我们是如何失去少年气和少女感的？

任何状态都有保鲜期，美好的少年少女的状态也一样，一步一步，历尽千帆，发现自己离原来的自己越来越远，我们的少年气和少女感，也在这个过程中，一点一点地丢失了。

▸ 我们太累，无力向前

人到中年，我们进入一种“老已老，幼尚幼，白发已上头”的人生境地，无论在单位还是家庭，都已经是主心骨，左顾右盼，竟然发现没有可以依靠的人。

有人会发现，在年少时付出很大的努力，认真学习工作之后所达到的状态、所得到的，并不是自己真心想过的生活，但又往往患得患失，找不到改变的力量。

▸我们害怕，不敢向前

前几天带孩子去户外滑雪，6岁的他是第一次参加这种很有挑战性的运动。一开始我还在担心自己技术水平差，无法帮助他。可到了滑雪场，我发现需要帮助的人是我不是他。

他轻松自如，毫无惧色地滑来滑去，把我甩得老远，即便摔跤了，又会爬起来接着滑。而我自己呢，因为“害怕摔跤”“害怕撞人”，始终无法放松，到最后都没能玩得尽兴。

所以，对成年人来说，我们心中的恐惧制约着我们尝试，制约着我们去体验未曾经历的人生。我们总把时间花在权衡各种利弊，各种风险的内心纠结里，以至于岁月流逝，日子过得重复而乏味。

▸我们以为的年龄，制约了我们向前

如果你仔细观察，会发现当老师的人，普遍显得比同龄人年轻。一方面是因为校园环境相对单纯，另外一方面就在于他们经常接触的人群是学生。

学生身上总是让人感受到活力和希望，他们保有对这个世界的好奇心。或许，我们丢弃的，就是好奇心，是童心，是赤子之心。

一个人的实际年龄并不代表什么，身心状况才是决定你精气神的根本。或许我们无法改变躯体衰老的态势，但我们可以选择我们的生活状态。最可怕的不是年龄，而是精神上的“腐朽气”。这种“腐朽气”，会让人感到平淡、无趣甚至想逃离。

随着年龄的增长，我们都不得不面对日渐衰退的机体，都会有展不开手脚的顾虑，然而，基于不同的心理年龄和心理状态，人和人生活的状态却可以大相径庭。

如何活得拥有少年气？

随着年纪的增长，人总会产生这样那样的焦虑，但追究到深层次，其实是人类对于死亡的恐惧感。

在内心深处，我们总害怕自己一生碌碌无为，或是想要的东西太多，却力不能及。当时间流逝，眼前却看不到摆脱平庸的希望，我们的内心便会失去平衡，怨天尤人，或是老气横秋地用宿命论聊以自慰，然而，每每看到那些活得年轻有活力，或有所成就的人，我们的内心还是会被暴击的。

或许，是时候唤回我们心中那个小男孩或者小女孩了。

▷ 请忘记你多少岁，至少不要把年龄挂在嘴边。

▷ 坚持终身学习，这对于探索生命的多样性十分重要。

▷ 选择合适的方式锻炼身体，不要被流行的方法捆绑。

▷ 利用一切可能的机会接触不同的人和事，见识世界的多元性。

▷ 观察自然，体会自然之道，生命之美。

▷ 做自己喜欢并享受的事情，不必跟工作相关。

无论在什么年纪，对这世界的热情、好奇，都会让你保有一颗赤子之心。

找回少年纯真的眼睛，再看看这个世界，把自己活成一束光，谁靠近你，谁就靠近了光。

阅+

如何成为永葆青春的人？

请记住：

- 一个人的实际年龄并不代表什么，身心状况才是决定你精气神的根本。
- 人类之所以有年龄危机的困扰，深层次的是对死亡的焦虑。
- 相由心生，无论什么年纪，保有赤子之心，才是最好的年轻秘诀。

你不用笑得那么开心，来证明你有多坚强 ｜关于“反差人生”

你也在过着“反差人生”吗？

“在吗？”

“在！”

“有事吗？”

“没事，我就问问。”

“需要帮忙吗？”

“不需要哦。”

“真的吗？”

“嗯，我自己搞得定。”

“你真是太坚强了，如果是我，我肯定做不到。”

“嗯。谢谢。”

明明有事，硬说没事。

明明内心热情似火，外表却那么高冷。

明明很在意大多数人的目光，却常说一句“我不太在乎别人怎么看哎”。

明明特别希望得到他人的关心，却常常对别人说“不用了，我自己可以搞定”。

明明不是那么独立，却隐藏脆弱，为了做一个现代意义上的励志青年。男生身着整齐的西装，女生化着精致的妆容，强打起精神微笑，上班，生活，不管多累，下班又像圣斗士一样活跃在另外一个地盘。

什么时候开始，我们变得如此心口不一？

什么时候我们给自己穿上了层层铠甲，来阻挡这个世界的纷扰？

什么时候，越来越多的都市年轻人，开始过上了一种“反差人生”？

盔甲太厚，如何负重前行

一个朋友，幼年时母亲离世，作为单身汉的父亲照看不了她，把她寄养在亲戚家。今天在外婆家吃饭，明天在舅舅家……可谓居无定所。

自小吃百家饭，看别人脸色长大的她变得特别懂事，也能很敏锐地捕捉到别人的情绪。

长大后她成了家里的顶梁柱，张罗着家里的大小事，既是家庭角色上的母亲又是父亲，家中的其他人反而成了“孩子”。

工作上，她独当一面，责任心超强，工作任务越来越重，晚上常因压力太大而失眠。

个人问题上也一直不顺利。相亲若干次，男人们都觉得她太强。

事实上，在我看来，她无比强大的外表下藏着一颗需要关爱的心。只是，她的成长经历，让她不得不打起精神来事事靠自己。

“我也很想表现得轻松自在，但是我做不到。”

外表和内心的反差，将很多人挡在了门外。

我们穿起铠甲，也许是真心曾被亵渎，也许是成长经历所致。

适度的“反差”，是保护自我，为了灵活地适应这个世界，让我们在与世界融合的同时保持一份清醒和疏离。

但如果“反差过度”，铠甲太厚，就会渐渐遗失了真实的自己，内心总觉得不快乐。

要么我们会积重难返，遇到爆发的点，来一个顷刻崩盘。又或者，会在身体上出现各种不适。

一层一层地将铠甲穿上，虽是面对过往伤痛的一种自我保护，却会让我们负重前行，举步维艰。

“高反差人生”背后的心理根源

到底为什么，我们面对别人和面对自己时，反差会如此巨大呢？

▸ 你害怕被人拒绝，也害怕拒绝别人

无论是工作还是生活，你都在超负荷运转。

你对周边的关系，总不是那么自信。

你害怕听到拒绝的声音，与独自做事的辛苦相比，被拒绝的时候，你能听到内心流血的声音，那样会有背弃的感觉，更痛。

所以，在面对他人介入可以更顺畅地解决的事情上，你都选择了独立完成。这样，你发出的需求越来越少，相应地，遭受拒绝的机会也的确减少了。

面对他人的求助，明明你觉得你承担不了，但是，为了获得上司对你的良好印象，朋友、家人对你的喜欢，你都一一承接下来，努力完成得很好。

于是，外界对你的真正需求也渐渐忽视了。

直到，你再也扛不住，你病倒了。

疾病，可能是你自我保护的一种方式而已。

▸ 你害怕以脆弱的一面示人

你经常可以听见别人评价你“真能干”“没有你干不好的事情”，渐渐地，你的头脑认同了。这成为你在职场和家庭的一个标签，但同时也成为你的一个牢笼。

然而，你发现，你也不是超人，总有些事情是超出你能力范围的。

有些人会选择示弱，但你不会。

因为，让你说“我不行”是一件很难的事情。暴露自己的脆弱面会深深地激起你的羞耻感。

你超负荷运转，即使开口就能得到帮助，你仍然不愿意开口。

你想方设法去达成，其他人的确会觉得你非常能干，却看不到

你其实已经非常勉强。

▶ 你觉得这个世界不安全，不相信自己值得被爱

每个人在妈妈子宫里的时候，都是被紧紧地包围着、爱着的。那个时候，我们与母亲是完全一体的，那是一种完全的容纳与承接。

诞生之初，第一次体验分离，所以我们是啼哭着来到这个世界的。

婴儿时期，我们接受着父母的照顾，通过他们的引导和自己的探索，慢慢地融入这个世界。

那些得到父母很好的关爱和照顾的孩子，通常意义上来说拥有较强的安全感，也能深深地感觉到自己是被爱的。

“我不够好”的思想，常常是因为父母的忽视造成的，不仅仅是因为父母对孩子直接表达了“世界不安全”，更多的是父母的行为，父母对孩子的抚育方式，直接让孩子感到了“世界不安全”。同时，如果父母内心藏着很大的恐惧，就会给孩子“世界是不安全的”“关系是不可信的”等负面暗示。

在这样的家庭长大的孩子，往往内心充满了害怕和恐惧，哪怕外表显得无坚不摧，但其实内在住着一个十分委屈和脆弱的小孩。你渴望被爱，然而你觉得世界是不安全的，不相信自己是被爱着的。

“世界并不安全。”

“我不够好，没有人会真的爱我。”

“如果我要得到别人的爱，我需要做点什么来交换？”

……

在这种很难打破的信念下，你开始扭曲自己的身心，不敢释放

真正的自己，反而是在各种关系中按照别人的标准去改造自己。直到渐渐忘记了真实的自己是什么样子。

唯一可以提醒你的，是不开心，或者是身体出现了严重问题。

我都病了，总该顺理成章地歇歇了吧。

我都病了，总可以享受大家的关心和爱护了吧？

但假若这种状况真的出现，也许你的疾病会变得非常的难缠。

因为在你的潜意识里，你在通过疾病“享受”被爱。

消除反差，找回真实的自己

如果你真的觉得外在的你和内在的你之间冲突和分裂越来越严重，或许，是时候改变一下这种反差了，你需要知道的是：

▷ 每个人都是独一无二的存在。

▷ 真实的你比假装完美的你有力量得多。

▷ 保护自己最好的方式恰恰是放下对自己的保护。

▷ 敞开自己并信任这个世界，信任自己，好的人和事会向你聚拢。

在行动上，完成这个蜕变可能需要一些时间和机会：

▸ 学会适当示弱，创造需要

仔细观察太极图，你会发现，一阴一阳谓之道。

我们如果一直坚持突出有力、积极、刚强的“阳”一面，而柔韧、柔软、承载等“阴”的一面得不到体现，那么，人在身体上会生病，在人际关系中也不会太顺畅。

有时候，表面上的弱恰恰是一种十分有韧劲的柔软。这一点，对“女王们”尤其适用。

不用怕麻烦别人，关系就是在相互麻烦中变得牢固的。当你需要他人的时候，也代表着对方对你的重要性。

▸ 相信他人，给予正向鼓励

婚姻中，很多女人容易抱怨“他什么事情都干不好”，但其实是，她根本无法从深层次相信他能干好。

若想一点一点卸下担子，你首先需要相信别人。

朋友 S 刚与先生结婚的时候，先生什么菜也不会做，但她充分相信他要学会做菜完全没问题，放手让他去尝试。

如今，S 的先生不仅菜做得好，还陪儿子运动、下棋、学习，因为爸爸的参与，整个家庭的幸福指数非常高。

好的夫妻，在磨合的过程中，其实是在爱和信任的基础上相互“驯化”的。在这个过程中，鼓励就是个魔法棒。

▸ 以孩子为师，真实地面对自己的情绪和需求

孩子往往高兴了就笑，不开心就哭。所以孩子情绪病少。

我们常常可以看到，安全感强的孩子反而会比较调皮，因为在他们的内心深处，对于自己被爱这件事情十分确信，所以他们敢于挑战大人的神经。

而大多数成年人，在经过社会化这个过程以后，慢慢开始压抑自己的真实需求和情绪，慢慢过上了“反差人生”。

有的时候，我们的确应该多观察孩子，向他们学习。

事实上，越是修为深的老师，越无半点伪装，他们往往像天真的孩子一样，有着赤子般的笑声、有穿透力的声音，哪怕是沉默也能够瞬间击中你的内心。他们就如同太阳，让你的面具无处遁形。

我们虽然暂时还没能成长到这个境界，但或许可以试着选择不逃避，不压抑，真实地表达自己的需求和情绪，从而慢慢遇见真正的自己。

阅+

保护自己最好的方式是什么？

- 每个人都是独一无二的存在。
- 真实的你比假装完美的你更有力量得多。
- 保护自己最好的方式恰恰是放下对自己的保护。
- 敞开胸怀并信任这个世界，信任自己，好的人和事会被你聚拢。

年轻人，你的灵魂喊你等一下

过度加班不值得被宣扬

前阵子有个新闻，浙江某医院 26 岁的医生陈德灵猝死。据悉，陈德灵猝死前曾连续通宵夜班。当晚，有一个夜班没人交接，同事这才发现，他已经猝死在宿舍。

回看他的朋友圈，不断出现“通宵”“熬夜”的字眼，有时候甚至连续几天都不能睡觉。

几乎每隔一段时间，就有类似新闻见诸媒体，令人痛惜不已。

2016 年 12 月，苏州一位 24 岁的工程师猝死，他平时不抽烟不喝酒，但加班是常态。

2015 年 12 月，某知名网站技术研发中心语音引擎组副组长陪妻子散步时突然晕倒去世，媒体采访的知情者称，是因长期加班过劳导致。他去世后第五天，他的孩子出生。

2015 年 3 月，深圳 36 岁的 IT 男张斌猝死在公司租住的酒店马桶上，当日凌晨 1 点他还发出了最后一封工作邮件。

令人难以想象的是，学生也是一个普遍疲劳的群体。曾有调查数据显示，六成初中生睡不足 8 小时，这些孩子还处在长身体的阶段啊！

2015 年 11 月，河南南阳一名 15 岁的学生猝死课堂，其父亲给儿子写的信，字字带泪。

……

这样的例子不胜枚举，不少人还是行业颇有影响力的人物。

一个个年轻的生命与突然而来的死亡相碰撞，分外刺眼，分外使人痛心。

北大心理学教授徐凯文老师曾经有一篇文章《在向着财务自由飞奔的路上，也许是死亡先到来》，他在文中列举了一个又一个精英人物“前半生争取财务自由，随后与癌症和死亡为伴”的例子，发出了“精英们为何如此拼命虐待自己的身体”的疑问。

其实何止是精英人物，生活中我接触到的形形色色的人，大家有个共同的感觉就是“累”。

创业者：我们全年无休，也不知道假期是什么时候。

医生：连熬了三个通宵，能活着真好。

白领：还要再熬一个月这个项目才能结束，我每天回家倒头就睡，不想洗澡，家里还催着我找对象，哪有力气呀？

公务员：加班都是无条件接任务，无收入的，完全就是雷锋。可是看着领导忙起来都睡办公室里了，又没话说了。

……

抱怨归抱怨，绝大多数人并没有意识到，长期的疲惫是与死亡挂钩的。

前不久，《人民日报》再次发文《从疲劳到癌症：只需四步》警示过度加班的问题，触目惊心。同时，新华社也发文《“5+2、白加黑”不值得宣扬》。

被誉为“青年导师”“创业教父”的李开复曾一度是青年人模仿和追求的偶像，始终执着于“最大化影响力”“世界因我不同”的他，2013 年在 52 岁生日之前，被查出患有淋巴癌，一度退出公众视野。

再出现时，他带来了对生命和死亡的思考——《向死而生》。

他说：“多年来，名利的浮涨让我不知不觉间偏离了轴心，以致迷眩其中，付出了沉重的代价而不自知。”

如果你知道长时间超负荷的工作，放任不管的长期疲惫会导致重大疾病甚至是死亡，你会如李开复一样重新审视工作对于你生活的意义吗？

背叛自己才是最高意义的背叛

在“优胜劣汰，适者生存”的文化迷思下，我们一直在强调竞争，这当然也与工业化社会强调“高效”的理念不谋而合。

我们就像是转盘上的一个跑步者，如果跟不上速度，就怕被后来的人推倒、踩住或是彻底地甩出去。

网络和人工智能迅速发展的今天，追求“更快、更好、更强”的势头越来越猛，方便快捷的背后其实意味着一批人无眠无休地在工作，直到生命被掏空。

在此，我无意于在宏观层面去费笔墨，我更想探讨的是个人层面能够触及并可以调整的部分。

每每看到年轻人过度疲劳导致重病或者死亡，很多人都会纳闷，还有什么比命更重要吗？难道前车之鉴他们就看不到？

▸ 完美主义的你

曾经有一个来访者，从事的是设计工作，在工作上对自己要求很高，再加上勤奋努力，经过多年打拼，他如愿建立了自己的公司。

但困扰他的是，他发现自己太过追求完美，不肯放过别人，也不肯放过自己，仿佛不把事情做到最好，就过不了内心那道坎。

他长年累月地带着员工一起打拼，后来得了严重的焦虑症。

“可是怎么办？我就是无法过去心里那道坎，我觉得自己好累好累。”

我们经常看到一些追求完美的人，他们对工作非常认真负责，是单位里的顶梁柱，深得上司青睐。我们看到的都是他们光鲜的一面，然而我们看不到的是，他们的身心状态可能已经出现了问题。

▸ 不懂拒绝的你

你是个老好人，无论是同事还是上司提出的公事私事，愿意或者不愿意，你都接下来，然后，看着满桌子干不完的活，郁闷成殇。

因为无法开口说拒绝，你承担了很多本不属于你的工作，办了很多需要非常费力才能解决的事情。甚至，因为不断帮助别人做事，你自己的工作十分低效。

你好累，有的时候你真是太羡慕那种敢于对上司和他人说“不”的人，他们怎么可以那么潇洒和无所畏惧？

你连吃饭上厕所都在想工作的事情。

然后，你发现你居然开始失眠了，大半夜都是清醒的。

因为失眠，恶性循环，身体出现各种各样的症状。

你知道是跟工作有关，可是你不知道怎么办。

▸ 欲望与能力无法匹配的你

眼看着当年比自己学习成绩差得多的人快速地解决了房子、车子的问题，甚至走向了财富自由，你的心开始按捺不住了。

你放弃了过去稳定安逸的工作环境，希望拼一把。然后，你开始创业了。

忽然之间，你需要关心以前从来不关心的事情，承担以前从未承担的压力。

虽然很累，你告诉自己，再撑一下，别人不是干得挺好吗？我也可以！

在这个世界打拼，有谁不累呢？

每天倒头睡下，无比焦虑的时候，你都给自己打鸡血。

只是你可能忘记了，有些人，承压能力确实比你要强，你的心态和能力，其实配不上你的欲望。

你渐渐被这喧嚣的世界控制了，忘记了当初做这件事情并不是为了与别人比较。

你焦虑，你失眠，你感觉整个人都要垮了，直到，真的垮了。

说到底，无论你是上面列举的哪种人，你要做一个别人眼中的成功者、优秀者、好人、负责任的人，你在内心无法接受真正的你。

你觉得只有你优秀、足够好，才会有人喜欢，有人爱。

但是，你可能忘记了，背叛自己才是最高意义的背叛。

你对其他人都好，对其他人都负责（当并非出自真心实意的时候），往往意味着你要牺牲掉自己的利益。

一个连自己都无法关爱好的人是没有办法真正地对别人负责的，长期的付出、迎合、扭曲、比较终于渐渐地摧垮了你。

你觉得越来越累，越来越不堪重负，甚至，你被欲望和对外在形象的追求控制了，直到你再也扛不下去，倒了。

幸运的，生了一场重病，渐渐意识到生命里曾经忽视的东西那么重要：健康的身心、陪伴家人朋友的时光、穿透一切黑暗的太阳、雨后泛着青草味的空气、承载着万物的地球母亲……

不幸的，连反思的机会都没有，只好下辈子再来。

作为成年人，你的身心要由你自己负责

或许，在这光怪陆离、霓虹灯都能把人闪晕的世界里，我们需要慢慢地探索属于自己的净土。

▸ 听见身心的声音，等等灵魂的脚步

当你感觉疲惫不堪，年纪轻轻就不想动，或者生病了，你可知道，其实是身心发出了一种生命的邀请：

▷ 主人，请你关注一下你的身心好吗？你有多久没有与我对话，认真地感受每一个细胞的状态？

▷ 我一次又一次地通过身心疾病来发出信号，你收到了吗？

▷ 如果你收不到，我会不断地发出更强的信号，直到你再也无法忽视。

如果你长时间地感觉疲惫，总是在固定的时间醒来，如果你觉得每天的状态都是很“耗”的感觉，那么真的需要慢一点，再慢一点，听听身心的声音，别再总是用强大的头脑去替你做选择，有时候，我们真的值得相信直觉，顺从内心的声音。

在身体真的累倒之前，其实我们有很多次机会可以自己做选择，何苦要等到“不得不”的时候，再费力呢？

▸ 把心收回内在，以“我”为主角

既然上天给了我们独立个体的生命形式，那么我们也要试着活出属于自己的生命价值来。

不管你是否意识到，其实在你的人生剧本当中，别人都是配角，只有你自己才是主角，你才是编剧。

虽然我们从小一直活在与别人的比较当中，但现在我们已经是成年人了。

成年人一个很重要的标志就是自己选择，自己负责。

我们要做的，就是尽量减低外在标准对自己的评判和影响，把更多的关注点放在自己的内在上。

比方说，做一件事情的时候，选择前，尽量听从内心的声音。选择之后，无论出于什么原因选择的，就开开心心做，不抱怨。

实在是做不了的事情，不管别人怎么说，你都有权利表达拒绝，更可以尝试降低自我要求。

▸ 加强修为，提高承受力

更高的职位更多的财富往往意味着增压，工作压力巨大、睡不着吃不好，生活质量比之前下降好几个档次。如果你还承担不起，你就把自己推向了一个深渊。

你可以加强学习，学习处事但不陷于其中，遇事波澜不惊，如果实在承受不了，你可以降低自己的欲望和目标，平衡心态。

放弃，有时也是一种完美。

▸ 回归自然，调整生活作息

关于这一点，非常的重要。

与病了之后花钱无比舍得相比，很多人并不十分注重预防和保健。

上医治未病，作为自己最好的上医，我们需要善待我们的身体。

亲近自然、不熬夜、适度运动、合理膳食、多陪伴家人和朋友，选择合适的解压方式，这些东西都少不了。

祝福大家可以健健康康地享受生命的美好。

阅+

如何调整自己的身心？

奉上李辛医生的处方，供参考。

增强体质的第一张处方		
序号	注意事项	目的
1	不食生冷之物（冰激凌、冰啤酒、冰酸奶），不空腹喝大量果汁、吃水果	保护中焦脾胃，增强抵抗力，改善肤质
2	饮食清淡。少食辛辣、油腻、烧烤、烟酒，晚餐适量，慎食牛奶	减少体内湿热瘀积，减少中焦和身体内部或深层瘀滞。保护肝
3	每天泡脚10~15分钟（虚人泡到身体温暖即可，以不出汗为佳），每天散步40~60分钟，或慢跑15~20分钟	运通三焦气血，温养疏通经络，减轻瘀滞
4	22点以前睡觉，睡前1小时不看电视、电脑、不打电话、不打游戏	收敛神气、助眠；养心，保元气
5	练太极、站桩、五禽戏、传统武术、瑜伽（选一）	在不消耗过多能量的情况下，疏通经脉，改善循环，聚精养神，提高机体免疫力
6	静坐、闲坐	从过度的“耗”的状态，调整到精神的收、聚状态，达到安神定志，调柔身心
7	多接触自然、土地、植物、新鲜空气，尽量减少电脑、电视、游戏时间	帮助经络打开，清心明神，和自然能量交流。 保养精气神，改善情绪
8	不看恐怖片与类似信息	保持精神的稳定性，避免神气干扰，变生杂病

Chapter 2

背叛自己，
才是最高意义的背叛

背叛自己，才是最高意义的背叛

背叛自己，其实是最高意义的背叛

我有个群，里面有个大姐，为人十分热心，有事没事就帮有困惑的人出出主意，无论谁找她都会有所回应并提供必要的帮助。

从她那里，我们知道了很多她热心助人的事情。

对素不相识的陌生人伸出援手，出面去解决别人的家务事，这些都是小儿科，有一次，在路上遇到几个正在打架的男人，她居然冲过去拉架……

作为一个体力上不占优势的女性，敢于在男人打架的时候挺身而出，的确让人敬佩。她在其他助人事件中所展现出来的正义、善良的态度也值得大家学习。

只是，在她给大家讲述故事的时候，我总觉得有哪里不对劲。

最近，她在群内感叹，觉得自己活得很累。

事件的起因是这样的，大姐的妈妈生活在北方，而她和先生生活在南方。近年妈妈年纪大了需要有人照顾，可是她先生也离不开她的陪伴啊。无论她怎么选择，似乎都得不到他们的理解。

她觉得很伤心，也很累。

群里大家都纷纷对她表示关心，给她出主意，可是她觉得这20多年来形成的模式已经让家人习以为常，很难改变，没人看到她劳心劳力，甚至已经不堪重负。她很困惑，像一个找不到路的孩子。

她说："我真的想找一个没有人的地方过过清静的日子。"

我没有像其他人一样去安慰她，而是对她说，恭喜她终于觉察到自己的累，这其实就是我一直以来对她的感觉。

当她在非常高兴地跟大家分享她的善举的时候，我看到的是那个不堪重负的内在和对"被需要"之后的迷恋感。

如果在一段关系和事件中，你觉得"耗"，那么，不妨先回到内在，照顾你自己的感受，毕竟，亲人也希望你幸福，而你幸福的关键，恰恰是先照顾好自己。

只有让你的内在得到真正的满足，你给出的爱才能够持久和有生命力，否则，你或许是在培养对方的"需要"而满足你自己"被需要"的需求。

如果你在疲惫不堪的状况下，仍然为了成全他人的需要去委屈自己（你感受到委屈），那么，你就在背叛你自己。

背叛自己，其实是最残酷的背叛。

对于自己的背叛，其实并不罕见

工作了一天，你觉得非常累，想要休息，这时候电话响了，友人约你去看电影聊天，你本来不想去，可是，你觉得不能让对方扫兴，于是勉强去了，结果却在电影看到一半的时候睡着了。

朋友觉得你不在状态，你觉得没好好陪他感到内疚，最重要的，你既没提升友情的质量，又让自己感到疲惫。

家人打电话找你借钱，其实你刚刚买完房子还在发愁下个月怎么还贷。你不忍拒绝，就把手头仅存的钱借给他，然后发现他经常在朋友圈晒胡吃海喝的照片，日子过得比你滋润多了。于是，你的小心脏不小心被暴击一万次。

再来个严重的。

曾经看过一则新闻，海口一个奶奶，先后给几个儿女带孩子，长期跟先生分居，她带大一个，儿媳妇又生一个，好不容易给儿子把娃都带大了，她的其他孩子又生娃了，为了不让儿女们有意见，她就这么一家一家地带下去，五六年后，长期分居的先生出轨，要跟她离婚，她万般想不开，抱着孙女从楼上一跃而下，悲剧就此发生。

这种现象的发生全部是对方的过错吗？未必。

有时候，对方对你提出你不能承受的要求，你还是硬着头皮接下来。这往往都是你默许的。你在培养着他们的“需要”，以此，喂养着你的小我。

这种“需求”，短期内让你会有“被需要”的感觉，时间长了，如果不是你发自内心的需要，你会觉得不堪重负。

有一天，你累垮了，你觉得解脱了。

或者，就像那个奶奶一样，走了一条更为极端的路。

真实的你，比强撑着“善良”的你，更迷人

婴儿时期，我们高兴了就笑，不高兴就哭，不会伪装，也不知道怎么委屈自己。

在成长的过程中，我们通过无数次的观察和体验，找到了与这个世界互动的方式。

一部分得到足够关爱和回应的孩子，大多更为率性天真一些，因为他们觉得不需要扮演什么，就可以获得足够的爱与支持。

还有一部分，他们其实是习惯于通过付出，甚至是超出自己能力的付出和扭曲去获取别人的喜爱和支持，这种模式下的选择，有时候不是基于自身心甘情愿的选择，只是一种“迎合”和“交换”。

哪怕这种交换和迎合被包装得特别漂亮，然而时间长了，这个人内在的力量就会越来越弱。

还有一类现象，比较常见于“超我”（在弗洛伊德人格结构理论中是指人格结构中的道德良心和自我理想部分）较强的人身上。

他们道德约束感很强，甚至其中一部分人有信仰约束。

在日常生活当中，你常常可以看到他们对自我的约束。遵守规则，不浪费饮食用品，乐于行善。

还有一部分境界较高的人，深知这四海八荒的玩法，外在的标准对他们已经没有意义，“道”已内化成他们自身的信念系统。他

们检点自己的言行，利用一切机会做与天地同道的事。这种人并不囿于追求一般意义上的“善”，活得非常纯粹通透且十分快乐自在。

我想说的，是另外一种情况。明明自己还没有修到那个份上，因为敬畏某些东西或者给自己贴了很多标签，偏偏要求自己时时刻刻刻意地去做一个“好人”。

外在的原因对于自身言行的调整会有一定积极意义，但其中一个重要的前提是，需要把握好“度”。

比方说，别人找你募捐，你愿意高高兴兴给 500 元，可是对方告诉你给 1000 元可以达到一个什么层次。你本来不想给那么多，但是想想这是做善事，就给了 1000 元。给完之后，你心里面十分不爽快，觉得是受外在的力量影响，而不是自己心甘情愿的。于是，几天不得安宁。

那么，这跟你怀着一份高高兴兴的心情给出去 500 元哪个更在道上呢？

脱离了赤子之心，离道甚远。

有些善，是不经意的善，赤子之心的自然流露，也是心甘情愿的选择，甚至，他在做这个行为的时候，没有想过，就自然流淌过去了，之后，也没有追求回报的需求。

若是计较言行中的得失，或是在并不心甘情愿的情况下去追求自己认为的“善”，背叛了真正的自己，既害了自己，也帮不了他人。

值得反思的是，你到底是纯粹以慈悲之心去帮人还是说你需要通过帮人来满足你的小我那个“被需要”“我很善良”“我很高尚”的需求？

何况，善与恶其实是相对的。你以为帮了别人，有时候恰恰事与愿违。

你知道真实的你，比看起来很善良却撑得很累的你，更具有力量，更迷人吗？

经常有人问，什么才是爱自己？敢于面对自己内在的真实需求，往往是我们能否爱自己的关键。

文章开头提到的那位群里的大姐，也是很聪慧的人，经过与大家的一番讨论，她收获颇多，觉得应该回归自己的内在，照顾好自己的需求。

那么，你呢？

阅+

为什么好人不长命？

- 人辨是非烦恼起。
- 过度期望或者要求自己是个“好人”，压抑了真实的需求。
- 脱离了赤子之心。

人生一定要积极吗？
有时候“丧”一点更可爱

你心里，一直住着一个不快乐的自己

我们从小到大，不断听到身边有人说：你只有更好，更努力，才能拥有更好的生活。不论在做什么，我们的心底仿佛一直有人在说“加油，加油”，催着我们奋进。

偶尔遭受了一些生活上的磨难，我们不敢多做停顿，而是赶紧收拾情绪，甚至比之前更加积极上进了。

可是，我们渐渐发现，忙忙碌碌，都不知道为了什么，也不知道该怎么样才能让自己快乐。我们很迷惑，为什么我活得这么积极，还不开心？

她，一直是“别人家的孩子”。

虽然生长在普通人家，但家里经济条件尚可，没有为柴米油盐操心过。一路成绩优秀，后来还被保送上了大学。之后，为了继续深造，她申请了奖学金到美国留学，一路念到博士。

然而，近几年她过得特别痛苦。最初是因为失恋，然而事情过去了很久很久，她依然无法释怀。

“你知道在美国立足并不容易，我觉得我还不够优秀，等我稳定下来，拿到绿卡，我再去联络他，我希望能配得上他。”

“那个时候你觉得他还会在那里吗？”我问。

她沉默了：“可是，我真的觉得我还没有什么拿得出手的东西……”

与她深聊下来，我发现她一直像一个永动机一样不停地在奔跑，从不敢懈怠。

“不知道怎么的，我一旦停下来，整个人就会发慌，根本无法独处，好像有个声音在我脑子里一直喊加油，一旦我举步不前，我就会对自己产生严重的不满意。”她说。

其实，许多人都有她这种困惑。

小时候，你会听见“好好学习，天天向上”，长大了，换了别的版本——“优胜劣汰，适者生存”，甚至，这种鞭策开始从下一代着手了——“不要让孩子输在起跑线上”。各种成功学的书籍一直摆在书店醒目的位置——《天才是如何塑造的》《你知道你和亿万富豪的差距在哪里吗？》……

都市里奋斗着的人们如同上好了发条的闹钟一样在安排着自己的生活，早上早起跑步，白天像打鸡血一样工作，晚上再加个班，夜里还不忘记背些英语单词。

甚至当你遇到失恋、离婚、亲人离世的时候，你都告诉自己，绝不能沉沦下去，我要努力开心起来，于是你努力让自己变得更忙碌，更积极。

只是，积极和阳光，往往只属于有人在的时候，当周围都静下来，剩下你自己独处，你突然莫名其妙地想哭，想要一个温暖的拥抱。

你的内心，一直住着一个不太快乐的自己。

一个人的身心状态，是他内心的写照

为什么我按照那些主流的教导去好好生活，却越来越不快乐呢？你感到迷茫，感到困惑，试图去寻找答案。

后来你发现，不仅你一个人如此，甚至，这世界开始流行“丧”。

甚至，连“丧茶”都开始出现了。“你的人生就是个乌龙玛奇朵”，“你不是一无所有你还有病啊乌龙茶”，“加油你是最胖的红茶拿铁”……

有人说“丧”文化的流行是人们对于世界的温柔反抗。

“葛优瘫”——一张十几年前的剧照，为什么却在2016年爆红网络，我想，主要是因为他的状态淋漓尽致地反映了每个身心疲惫的人的内心需求。这种无所事事的状态跟我们一直接受的积极、健康的主流精神不符，却在此时此刻，恰好迎合了这个时代。

一杯几十块配有文案的“丧茶”，虽然不能解决什么实际问题，但也是内心情绪的一种发泄和表达。面对这个时代，我们正以独特的方式消解着内心的焦虑和压力。

我们的社会一直在强调竞争、优胜劣汰，“比较”和“焦虑”的种子就在我们内心默默种下了，我们很多人都不太相信分享比竞争更有力量。所以我们一直以社会意义上的成功为标准奋力往前冲。然而我们发现，无论我们怎么努力，怎么投入，总有无法抵达的地方。而像永动机一样奋斗着的我们，身心慢慢开始出现或深或浅的不平衡，我们开始焦虑、压力巨大，甚至，严重的身心疾病开始向我们袭来。

就像有句话说的，“愿你出走半生，归来仍是少年”，我们比任何时候都渴望找回初心，渴望消解压力，却不得其法，或不了了之。直到有一天，我们发现某些地方出现了死结，再不打开，人生的道路就会异常艰难。

我们不得不开始认真思考：

▷ 我们真的需要一直这么积极吗？我们到底在恐惧什么？

▷ 当遭遇挫折之后，过早的积极是否真的具有持久的力量？

▷ 我们那么积极，为什么还是不开心？

有些人，非常享受他的生活状态，在做事的时候，往往体会不到外人眼中的“辛苦”“坚持”，于他们而言，做事的初衷纯粹是因为能从中获得快乐。在这种状态下，人会灵感涌动，即便是没有结果的事情，也能让其受益匪浅。

而还有一些人，是迫于现实的原因而积极上进，当然也可以取得一定的成绩。但时间长了，他会发现，越是积极，越是焦虑，并且难以持续。要么感觉到身心疲惫，要么身体出了问题，再也无法继续原来的生活模式。

电影《摔跤吧，爸爸》里，一开始姐妹俩是受爸爸逼迫去摔跤的，每天天不亮就得起床锻炼，天天穿着没有半点女孩子气的衣服，内心里一万个不愿意。

可是，当她们去参加朋友的婚礼，朋友却十分羡慕她们有这样一个爸爸："至少他是为你们着想，不用过早地跟锅碗瓢盆打一辈子交道。"

回来之后，姐妹变了，同样是摔跤，可是她们元气满满，她们找到了内心动力，明白所有的积极都是为了自己，其状态自然而然发生了巨大变化。

所以，其实你做的事情本身，并不是决定你能否快乐的关键，重点在于你是以什么样的心态去做。

我们大多数人，往往处于后者的状态，非常"耗"。看起来积极，但内心缺乏享受感，工作就算能做到尽善尽美，也往往停留于生存层面，内心对自己并不满意。

我们那么积极地工作生活，背后往往藏着一种隐忧：如果我不这样做，我就会失去很多东西；如果我不这样做，我不值得拥有我想要的。

而根本，还是对背后那个宏观存在怀有巨大的不信任感——你并不相信，你能被厚爱；你也不相信，只要你开心乐观地生活，好的资源和事情都会向你靠拢；你更不相信，相信的力量多么强大。

较之于这种信任，我们更相信交换，更相信竞争，更相信比较。

然而，或许我们需要转换的思维是：

▷ 我是深深地被爱的，即便我什么都不做，只要我是发自内心的快乐，仍然会有好的事情降临在我身上。

▷ 我可以非常积极地投入工作生活，但前提是我真心愿意并且乐在其中。如果不是，我觉得累了，当然可以休息调整。

直面生活，比“假装”积极更有力量

在遭受较大挫折的时候，有些人会找朋友和家人倾诉，甚至去找心理医生，及时地调整情绪；还有些人平时较为坚强，觉得自己并没有必要和别人多说什么，擦干眼泪，以“我是强大的”“我是乐观的人”说服了自己，像以前一样上路了。

群里有一个朋友，最近遇到很多麻烦事，丈夫提出离婚，家里老人生病了，单位又忙，加上孩子年幼，时时需要照顾……她感到快要崩溃了。大家都在安慰她，希望她能坚强一些，顺利度过这段艰难的时光。

后来，她说：“嗯，我要努力开心起来，明天我就开始制订学习、工作计划，我不能被生活打败。”

仔细“爬楼”看了看聊天记录，我能深深地感受到她的内在还有太多的情绪需要调整。

我对她说：“亲爱的，不着急，你太累了，需要休息。”同时送了个拥抱的表情给她，她一下子就哭了。

实际上，不少人跟她一样，特别希望能快速地度过人生中难熬的时间，希望自己能尽快从糟糕的状态中脱离出来，奔入下一个积极良好的状态。于是把自己安排得很满，虽然也能取得一定的进展，然而夜深人静，只剩下自己的时候，无力、孤独、落寞一一变着法子袭来。最后发现，欲速则不达，自己的积极阳光并没有让内在安宁而喜悦。甚至，时间长了，那些被堆积和掩盖的情绪不是化作更具有破坏力的面目呈现，就是攻击了身心，转化为较重的身心疾病。

或许值得我们了解的是，内在的黑暗并不会因为你逃避而不存在。未曾释放的情绪也不那么容易荡然无存。

我们要做的是：

▷ 如果觉得累和痛，不妨允许自己停停，听听内心的声音。

▷ 真实地接受自己的“好”与“不好”，实质上，也不存在真正的“好”与“不好”。

▷ 允许所有情绪的流淌，训练自己觉察它们从起到落的过程。

▷ 转念，充分相信自己，享受生命。

其实，是否积极上进本身并不重要，我们更应该关心的是自己是否能够真实地面对自己。逃避和否认、对抗都不是解决问题的办法。如同允许自己积极向上，也要允许自己颓废感伤，允许自己做最真实的那个自己。

当你开始允许，能量就会自然地流淌。在这个过程中，你选择跟高能量的人和物待在一起，那会是一个好的选择。

那些感觉不会消失的情绪，改变不了的局面，都会随着能量的提升，随着你做回自己而一一找到出路。

阅+

高峰体验和“内耗”有什么区别？

高峰体验是人本主义心理学家马斯洛在他的需要层次理论中创造的一个名词，是指人们在追求自我实现的过程中，基本需要获得满足后，达到自我实现时所感受到的短暂的、豁达的、极乐的体验，是一种趋于顶峰、超越时空、超越自我的满足与完美体验。在高峰体验时，人们不会感到劳累，反而是兴奋和放松的良好状态。

如果是在积极的状态中觉得“耗”，觉得疲惫，那么调整几乎是必须的，否则，迎接你的可能是严重的身心失衡。

你为什么如此害怕暴露软弱？

后来我才明白，原来她的强大不过是暴露内心的脆弱，而我的脆弱不过是暴露内心的强大。

请不要对我的人生指指点点

继小 S 在 39 岁生日爆出放声痛哭的视频之后，小 S 再发微博。针对公众对其婚姻解体的猜测，她又发了和老公竞走的照片。

她的发言内容，主要想告诉大家：

▷ 我不是初出茅庐患得患失的艺人，我 39 岁了，要按照自己的心意去活。

▷ 你如果不喜欢我，完全可以取关，我也可以把你屏蔽。

▷ 我发什么不关你的事情，这是我的家事，我的地盘我做主。

▷ 我的婚姻没解体，谢谢关心了。

看到这条微博的时候，感受到扑面而来的真实和女王气息，越发喜欢她了。

讲真，娱乐圈里，像小 S 这么率真的艺人并不多见。

作为艺人，她承担着比普通人更多的条条框框，就算她再率真，也免不了需要做一些迎合市场和观众的事情。

但是，在 40 岁即将来临的这个关口，她突然借助视频和微博把她一直想说的东西说了，不修饰，不辩解。可以想象，她的身上承担了太多隐而未发的情绪。这次，她一股脑儿发了个痛快。

她这个举动，反倒是让人颇为放心，因为她在允许自己释放脆弱。

不管你喜欢与否，这就是真实的我，我不再迎合你了，喜欢我的会留下，不喜欢我的我主动赶你走。拜托，请不要对我的人生指指点点！

被忽略了的艺人情绪问题

为了迎合粉丝期待和公司要求，艺人对外一般都营造了一种积极向上、充满阳光和正能量的形象。

不管是不是貌合神离，也要塑造恩爱夫妻。不管是不是健康阳光，都要输送正能量。不管是不是热心公益，都要参加各种公益秀。一旦出现负面新闻，就开始各种洗白，企图塑造一个观众心目中完美艺人的形象。

但是，就算是艺人，他们首先也是人。就算在舞台上光芒万丈，私下里还是要面对那些处理不了的情绪，甚至，因为是艺人，他们需要承受的压力比普通人更大。

美国社会学家戈夫曼（Erving Goffman）曾提出的“前台/后台理论”认为，社会和人生是一个大舞台，社会成员作为这个大舞台上的表演者都十分关心自己如何在众多的观众（即参与互动的他人）面前塑造能被人接受的形象。

明星的前台是特别庞大的，普通人下班之后只属于自己生活的方方面面在明星这里都有可能成为前台。他有可能被偷拍跟谁吃饭，跟谁恋爱，甚至在国外都能被认出来。

这样一来，让他们可以充电、休息和放松的后台就特别有限，如果他们没有很好的输出压力的方式，长时间得不到精神上的供给，加上强度颇高的工作导致的体能跟不上，很可能让他们整个人崩溃掉。

娱乐圈一直是抑郁症高发的领域。张国荣、陈宝莲、乔任梁、尚于博以及韩国明星郑多彬、韩彩媛都因为抑郁症过早地结束了生命。

不管是工作还是私生活，明星们必须学会时刻保护自己，任何负面的情绪一旦被媒体放大将会造成铺天盖地的重大影响。他们不敢发脾气、不敢吵架、不敢谈恋爱，常年处于紧绷的状态，真的活得很累。

不会哭的人，也不会爱

记得有篇文章说：30岁以后，我不想取悦任何人，我想按照自己的心意活着。

孩提时代，我们想哭就哭，想笑就笑。慢慢地，在与这个世界互动的过程中间，我们发现这样的路并不是太顺畅。

哭了，不是得到温暖的拥抱，而是迎来“你真讨厌”“烦死了，有完没完”；发脾气了，不是被关怀“你怎么了”，而是“这么点小事值得发脾气吗”“这么大了还不会控制情绪”；做错了事情，听到的不是“我知道你也很难过”，而是“再这样，我就不喜欢你了”，甚至是“再这样，我就不要你了”……

或是个人气质，或是原生家庭，或是个人成长际遇的原因，渐渐地，我们开始懂得怎么做才能让别人舒服和高兴，我们开始变得越来越强大。

遇到脆弱、无助的时候，我们发现我们无法开口，因为，已经忘记了如何暴露脆弱。

一方面，我们觉得别人无法感同身受，无法理解自己，我们暴露的脆弱，除了成为别人的饭后谈资，又有什么益处？另外一方面，我们担心，我们的脆弱会赶走身边的人。他们看到这样子的我，还会喜欢我吗？我有如此脆弱不堪的一面，他们该怎么看我呢？

暴露脆弱，求助他人，往往容易激起我们内在的羞耻感。

豆瓣上有人分享了一个故事。

以前有一名身负重伤的士兵，从战场上归来后发现，迎接他的比战场还要残酷：家园被毁，爱人背叛，他想哭，可是想起自己是男人，于是他硬把眼泪忍了回去，大家都对他竖起了大拇指。

一天，国王要为女儿举行一次比武招亲大赛，许多人踊跃参加，士兵也报名参加了，在比武中他击败了所有的对手，取得了第一名。虽然过程中他又负了伤，但是他咬紧牙关一滴眼泪也没流。他被带到公主面前时，身上还在流血，他以为公主会把他当成首选，结果公主却直接排除了他。

公主说："我怎么可能选一个不会哭的人做我的夫婿呢？"

士兵说："哭是弱者的行为。真正的勇士是从来不哭的。"

公主说："你错了，只有坚强的人才懂得哭，哭维护了他心中至美至纯的地方，你不会哭并不说明你坚强，你快乐，恰恰说明你已经衰老和麻木，会哭的人还有希望和爱，而不会哭的人却没有，你连哭的勇气都没有，说明你还不是一个真正的勇士，而是一个懦夫。"

不会为自己哭的人，也不会为别人哭；不会为痛苦哭的人，也不会为幸福哭。而一个不会哭的人，和冷血动物又有什么区别呢？

该脆弱时脆弱，该坚强时坚强

如果暴露脆弱只会让你觉得羞耻和恐惧，那么有几个问题你可以问问自己：

▷ 我害怕暴露脆弱，是在害怕失去什么？

▷ 我的内在，是不是对于现有的关系不够信任？

▷ 脆弱就等同于不好，等同于负面吗？

▷ 我不想暴露脆弱，是否意味着我根本接受不了那个真正的自己？

其实，我们需要知道的是，适当地对周围的人暴露脆弱，会反而让人觉得亲切、真实，可以接近。

这有点类似于社会心理学中的"暴露缺点效应"。对于一个优秀的人来说，适当地暴露自己一些小小的缺点，不但不会形象受损，而且会使人们更加喜欢他。

如果你一直精神抖擞，正能量爆棚地往前冲，离真实的你越来越远的话，情况都会变得糟糕。要么你不堪重负，遇到重要事件刺激的时候直接崩溃，要么你的身心受到攻击，抑郁成伤。

如果你不想负重前行，不想分裂自己，唯一的出路，就是不再迎合，不再扭曲，该脆弱时脆弱，该坚强时坚强，你的地盘你做主。

相对于某些艺人处处维护自己完美形象不同，小 S 在节目上一贯比较放得开，也会经常黑自己，其实正是因为她并不塑造完美形象，喜欢她的人才那么多。

这次，她在视频中失声痛哭，完全不加修饰，补刀的微博仍然是这种风格。从她的微博中，我们能感受到她更加真实了。这其实是爱自己最好的表现。

因为，愿意做那个真实的自己，愿意与他人分享自己的脆弱，代表着对彼此关系的信赖，更是真正地看见了自己。

阅+

什么是“暴露缺点效应”？

社会心理学家对“暴露缺点效应”的解释是：

一个人适当地暴露自己一些小的缺点——

- 可使人们感到他也是个普通人，因而会觉得他是比较容易相处的，会消除一些自卑感和压力。

- 可使人们感到他的真诚和对人的信任，因而会觉得他是可敬可爱的人。

你所全心依托的，恰恰就是禁锢你的所在

樊胜美的启示

电视剧《欢乐颂 2》大结局，终于等到樊胜美和王柏川主动分手。观众们长憋的一口气都舒畅了。

樊胜美这个角色，最开始是五美里最没有独立意识的女性，明明长得美，人也聪明，但是总是期望找一个有钱的老公，以解决自己的所有问题。

她的目标很单一：在 30 岁前找个老公嫁了，以图解决所有的问题。

但是，在 22 楼姐妹的影响下，樊胜美一直在变。

她从办公室游子换行到金融行业，努力地抓住每次机会，她在向姐们学习认真工作。

她帮王柏川包装打理公司，介绍生意，督促他上进，有点恨铁不成钢之意。

她一次一次拒绝陈老板的礼品，只因不想像以前一样物化自己，笃信着与王柏川之间的感情。

然而，她把自己与王柏川当作一体，指望他能时刻与自己同一战线，却压垮了这个普通男人。

也不能说王柏川不爱樊胜美，他所做的已经超出了很多男朋友能承受的。但是，王柏川其实并没有自己和樊胜美想象的那么爱她，也没有那么无坚不摧。

他夹在家人和女朋友之间犹豫不决，会懦弱，也会退缩，缺乏担当。

以房子是否加樊胜美的名字为导火线，樊胜美终于看清了自己的问题：她把王柏川当作了自己的救命稻草，却忘记了对方也不过是来上海打拼的年轻人而已。

她把自己的人生，赌在了两人的爱情上。

好在，樊胜美终于觉悟了，她明白自己要学会站起来，学会靠自己的力量在这个城市打拼。也学会了怎么样与无赖的家人抗争。

找个好人嫁了，真的一劳永逸吗？

其实樊胜美一开始那样也没有错，她的价值观符合很多女性自小被灌输的价值观：女人嘛，最重要的是家庭，搞那么累干吗？还不如早点找个好人嫁了。

这背后蕴含的意思是：作为女性，你可以让男人独自撑起一片天，你只要躲在他下面乘凉就可以了。

或者是，女人，如果自己打拼得累了，还可以有嫁人这条路作为保障。

在各种版本的爱情故事里，我们都曾经对此深信不疑。

文艺点的，期待着“灰姑娘与白马王子”的童话，世俗点的，觉得“找个情投意合的人结婚生子”就可以一劳永逸了。

然而现实往往会给抱有这种想法的人狠狠一击。

晴姑娘曾经是跟樊胜美一样的女神级人物，成绩好、长得漂亮，不同的是，她家境还很好。读大学的时候就有很多男孩子追她，她正眼都没瞧一下，因为当时她已经有个很有才华的正牌男朋友。两人同进同出，形影不离，十分登对。

毕业的时候，晴姑娘本来有机会进入行业知名企业，但是为了跟男朋友在一个城市，她放弃了，追随男朋友，在他的就业地找了一份不太喜欢的工作。

几年之后，各种现实的不如意让她渐渐变得没有自信起来，加上二人结婚后先生的事业发展得很顺利，她渐渐把更多的心思花在了家庭和孩子上。

单位本有好几次外派晋升的机会，出于家庭考虑她都放弃了，先生也觉得她不宜太忙碌。

后来，晴姑娘又意外怀了二胎，先生坚决不同意她生下来。她觉得奇怪，直到无意中发现先生不仅在两年前已经出轨，而且对方最近刚刚怀上了孩子。

姑娘傲气出来了，狠心离了婚，在父母的帮助下生下了第二个孩子。

为了更好地照顾两个娃，她辞去了原本就不太喜欢的工作，找亲戚朋友借钱开了一家小型的餐饮店。因为她不怕吃苦，人又长得美，对客人也热情，生意很快就步入了正轨。

经历过这一切，晴姑娘说：“我算是明白了，无论男人还是女人，都不应该想着靠对方。这道理男人打小就明白，可是很多沉浸在爱情和婚姻中的女人并不明白。自从离婚了我发现人生由自己负责、自己主宰的感觉真好！”

除了自己，没有什么值得你托付一生

不是因为对感情悲观，我们才不主张把自己的人生托付给另外一个人。而是，**生命是独一无二的，有其自身的价值和体验需要完成**。

如同父母不能把人生寄托在孩子身上，女人也不能把人生寄托在男人、爱情、婚姻，甚至是事业上。

克里希那穆提曾经说过：“不要让你的心灵和感情被任何人或事所束缚。如果你这样做，你就会建立另一个宗教，另一座庙宇。”

作为独立于世间的人，我们一直渴望自由。这种自由包括物质自由，更包括精神自由。然而我们发现，前者难，后者更难。如果你将这么宝贵的生命个体的选择权和决定权，交与另外的人和事，实在是太可惜了。

我们当然可以毫无恐惧地去恋爱、结婚，甚至是出于家庭的需要去做全职太太。只要我们心甘情愿就可以，这些都不是问题的关键。

经常听到职场女性嫌弃全职太太没有自我，而全职太太则觉得职场女人的眼中只有自己。

其实，懂不懂个体生命的价值跟女人的身份角色没有太大的关系。

全职太太也有人过得怡然自得，不紧张不焦虑的。因为她们明白，自己的工作难度并不比先生的工作难度低，只是领域不同而已。她们把家里打理得井井有条，给家人提供了最温馨的港湾。除了料理家庭，她们还会去追寻自己的兴趣爱好，体验生命的乐趣。这种女人，即便是将来先生离开了她，也一样会活得有力量。

有些职场女性，尽管在经济上有一定能力，但在精神层面还有很大的成长空间。她们或是寄托于家庭，或是寄托于事业，很少考虑自己的生命价值。她们对于看重的东西，一直习惯于紧紧地抓取和控制。不是想控制下属，就是想控制家人，一旦别人不按照她的需求去回应，她们就会痛苦。同时，她身边的人得不到心灵和行动上的自由，也无法按照自己的生命意志去生活，其实更加痛苦。

在情感挫折中挖掘自己的能量

为什么女人往往在情感上遭受挫折之后反而容易找到力量突破呢？

因为女人重情，生活把她最看重的“救命稻草”拔走了。她挣扎，她痛苦，甚至快要溺亡。直到她明白，没有人会来救她，除了自己。于是，她索性放松下来，生活给予她的磨难变成了探寻出路的强大动力，原本就蕴藏在体内的能量爆发了。

机会，往往就在此时出现了。

她的生命经验反而因此上升了一个境界。

当然，也有一部分女人，因为遭受情感上的挫折，赔上了自己的整个人生。甚至有些离异的妈妈因为一直对前夫怀有很深的怨恨，影响到了孩子的身心健康。

所以，如果你正处于樊胜美和晴姑娘一样的关口，希望你能发现自己的小宇宙。

有些人在痛苦彷徨中，很希望知道具体怎么做。但是，具体的路怎么选，只能是靠自己。自己选，对自己的生命负责。

有一点可以分享的是，在我接触的大多数来访者中，不管对方处于什么样的状态，面临什么样的烦恼，我都会告诉他们一句话：

去做自己真心想做的事。

这些事，可以是一个惊世骇俗的宏大目标，也可以是一件别人认为毫无意义的微小事情。只要是你真心想做的，就是值得的。

生命的体验越深刻，你才会明白生命本身是多么奇妙的存在。

如此奇妙而珍贵的存在，你才不会舍得托付在任何其他人和事上面呢。你完全有能力自己对自己的生命负责。

明白了这些，并且尝试动手去做，你就会发现，以前困扰你的问题渐渐不再是问题。人生路上那些不如意，一点一点转化成真正的礼物。

阅+

可以依靠，不要依赖

印度知名哲学家克里希那穆提曾说过：“有依赖，就不可能有爱。”

灵魂只能独行，因为我们都有能力决定自己的方向，却没有能力控制别人的道路。如果偏要把别人拉到你的生活轨迹上，或者你要强行进入别人的世界，最终的结果无非只有两种，要么在自己的世界里等死，要么在别人的世界里被扯得四分五裂。

请大声喊出：我需要你

最动人的情话不是“我爱你”，而是“我需要你”。

L 是一名单身贵族，最近觉得身心俱疲，年底工作忙，压力又大，几乎天天失眠。

“你知道吗？有一次我刚下飞机，肚子疼得差点晕过去，打车到医院看医生，后来动了阑尾炎手术，我自己签的字。”

“你一个人去的吗？”

“是啊，从头到尾都是我一个人，出院了朋友才知道，都埋怨我为什么不叫他们。”末了，他又补充道，“我这人最怕麻烦别人了。”

“哦。”

“我其实很愿意帮助别人，但就是遇到事情却不好意思向别人求助，生怕给朋友甚至是家人添麻烦。可是有时候又特别羡慕那些能跟周边人打成一片的人，而我，没多少人找我帮忙，感觉大家都和我保持距离。”

“我最怕麻烦别人了”，生活中这种表达经常会听到，说这话的人往往有几分得意，可是又透着难以言说的无奈。

为什么我们这么怕麻烦他人？

需要说明的是，在这个很多事情都可以通过购买服务来实现的年代，大部分自己能顺利处理的事情，我们鼓励自行处理，不依赖他人，这是一种很好的品质。人人自己负责，有效地节约了他人的时间成本。

当然，我们这里探讨的也不包括那些需要满足个人英雄主义情结，凡事沉醉于自己大小事情都能搞定的情况。这种人不仅喜欢独立做事情，而且做得开心和享受，无可厚非，只要他自身感觉舒服惬意就好。

我们要在这里探讨的情况是：

自己处理有点困难，别人能介入会顺畅很多。明明在内心深处希望别人帮忙，开口就可能会得到帮助的时候我们却选择不开口，事后感觉孤立无援，想改变这种状态又很无力。

你是不是也是这样的人呢？

到底为什么一个简单的求助我们都开不了口呢？

在与 L 的进一步沟通中，他说：“我虽然朋友并不少，但是我真的很害怕他们说上班来不了医院陪我，索性就不开口了。”

他的这种担忧在于：

你无法向人求助是害怕被人拒绝。

尽管在你的心目中他们是你的朋友，但是你对这段关系并不自信，你害怕听到拒绝，与其让对方的拒绝来伤害你，不如选择不求助。

这种担忧，在金钱方面尤为突出。

有不少人，需要金钱的时候，不找特别亲近的朋友，反而是找一些不是特别亲近的朋友借钱。

你的内在担忧你们的友谊经不起考验，而被关系稍微疏远一点的朋友拒绝，你没有那么难受。

你害怕以脆弱的一面示人

在交谈中，L 回想起一次被公司外派的经历，外国同事对他的评价是："勤奋，踏实，但是居然一个问题都没有问过。"

实际上人生地不熟的他在生活和工作中都有很多困惑的地方，但他就是开不了口问同事。

在他内在的意识当中，"向人求助"意味着自己的无能，在向外说"我搞不定这件事情"，这让他感觉很失败。而这种隐忧，在一些自尊水平较低的人中尤为突出。

一个有较好的自尊感的人，敢于表达自我的需要，即使在被人拒绝的时候，自尊感也不至于崩溃、产生无法接受的羞愧感。这样的人也不会为了迎合别人，扭曲自己的真实需求，贬低自我价值。

而自尊水平较低的人，他们通常宁愿自己花几个钟头去寻求一件事情的答案，而不向身边人求教。因为他认为，提问会让人感到尴尬，同时又害怕可能受到嘲笑。于是选择自己默默找答案。

从某个方面来说，这样也许有利于掌握更多的信息和技能，但人毕竟不是全能的，你选择了不向外发出"我需要你"的信号，其结果很可能就是选择了孤独和不合群（当然，心甘情愿如此的不在此列）。

你在逃避必要的表达和交往需求

在幼时的生活经验中，我们尝试表达自己需求的时候，父母如果愿意倾听，并且对于合理的部分予以尊重，那么孩子容易感到自身是被尊重而且被爱着的。他就会在与父母的关系真实地表达自己的需求。长大之后，也能坦然地表达自己的需求和意愿给其他人。

相反，如果父母对于孩子的合理需求一再打压和忽视，久而久之，孩子会不敢提出任何需求，面对自己渴望的玩具，都不敢表达需求。

也许他会顺着父母的意愿去当一个好学生、好员工，但长期偏离自身意愿的结果就是离真实的自己越来越远。

在工作中，需要向别人提出请求时，会在潜意识中唤起幼时这种经历的羞愧感，自然也就不敢去表达了。

为了回避恐惧感，他会选择把自己囚禁在自己的世界里，回避必要的交往，宁愿孤独地自处。

你有一种深深的“低价值感”和“匮乏感”

谈到这个层面的时候，L 突然想起，自己很小的时候其实是一个非常善于表达自己需求的人。

他家虽然家境不错，可是兄弟姐妹较多，他既不是明星样的老大也不是父母疼爱的老幺，他的很多意见都被父母忽视。

从小到大，他一直感觉自己的存在是多余的，没有价值的：“我不配拥有，我也没有必要去表达，即便表达了也不会有结果。”

久而久之，他有时候会在各种场合里选择遁形，甚至在遇到困难的时候，有时会希望自己从这个世界上消失掉，所以在工作和生活中给人留下的印象就是孤独、不合群、缺乏明显特征。

在他的内心深处有一种深刻的匮乏感：从来不敢去问别人要什么，也觉得自己不能为别人提供什么有价值的东西，于是就陷入了不与别人来往，不欠别人人情的行为模式。

实际上在他的内心深处，非常渴望与人亲近，渴望爱与被爱。

像L这种性格的人，在外人面前十分随和，甚至是好好先生，因为他几乎从来不表达自己的需求，但实际上，就像L所说，在他内心深处，他期望别人能够主动地关心他，迎合他的需求，充分地关注、关爱他。如果达不到这种状态，他就会失望，甚至远离亲密的人。这种性格的人，往往在亲密关系的课题上负担很重。

站在你的角度，也许你觉得你在麻烦别人，其实如果你适当地麻烦别人，对方也有“被需要”的价值感。人和人的关系就是在这种相互“麻烦”中，变得更加亲密的。

《蜗居》里面的宋思明说过这样一句话：“关系这个东西啊，你就得常动。越动呢就越牵扯不清，越牵扯不清你就烂在锅里。要总是能分得清你我他，生分了。”

有时候最动情的话不是“我爱你”，而是“我需要你”。

请大声喊出：“我需要你！”

阅+

人际关系对于幸福感有什么意义?

哈佛大学的多项研究证明:

“在这所有纷杂的信息和概念当中,最重要的一点是,人际关系的质量对于自身的影响要比我们所认为的大得多。这种影响不仅关乎心理层面的幸福,还包括了生理层面的身体健康。”

与更多的知识和财富相比,我们有必要让自己和孩子学会如何去维护良好的人际关系。这是人生幸福不可或缺的一课。

Chapter 3

在爱中跋涉，

遇见真实的自己

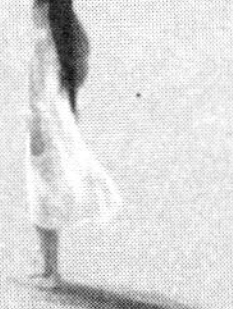

为什么女生总喜欢问“你爱我吗”？

前阵子，微博上有条吐槽火了，男主写信给某草根博主吐槽说，在送异性好朋友小花和女朋友回家的时候，因为好朋友要坐副驾驶，就让她坐了。结果却惹火了女朋友，女朋友一直找他闹，并且让他断绝跟小花的联系。

了解了事情的来龙去脉后，这里简单总结下男女双方的心态。

男主认为：

▷ 和女朋友感情不错，他觉得不会分手。

▷ 异性朋友之间可以有纯粹的友谊。

▷ 女朋友是小题大做。

但在女朋友这里，这一套解释不通。

女主认为：

▷ 副驾驶是正宫专座。

▷ 就算你没有想法，怎么能够保证对方没有？

▷ 最好的解决办法是，跟小花断绝联系。

从男主描述的情况来看，他未必有其他想法。但是，他的行为和处理方式却引起了女朋友的介意，也的确有不妥之处。

姑且不论副驾驶是不是真的是恋人专座，该条吐槽容易引发的一个思考是：

为什么男人经常会觉得女人小题大做，而女人却常常由一件小事感觉“他是不是不爱我了”，继而以发脾气、闹分手等方式去呈现不满。

女人为何不断用小事来确定“你是不是爱我”？

恋爱中间，适度的“作”、不讲理、小脾气是在乎对方的表现，也是增进感情的营养剂，但如果超出了对方承受的范围，也容易起反作用，让对方感觉到很累。

但为什么女人总喜欢通过小事（很多男人眼中的鸡毛蒜皮）去寻找男人在不在乎她的证据呢？

▶“你不爱我了”——不间断的情感确认

男女没有确立关系或者恋爱初期，双方恨不得24小时都黏在一起，这个阶段男性一般表现得较为积极主动，对关系的投入是较多的。

女性往往在这个阶段很好地享受了被照顾、被爱护的感觉。当然，反过来的情况也是存在的。

“猎奇”是男性（也包括一部分男性能量较强的女性）的一项本能，但却是女性不愿意承认和接受的部分。

在感情发展的初期，男性之所以愿意投入那么大的精力去追求一位女性，最根本的原因还在于“他觉得你还不是他的”。

等到感情稳定之后，这个时候，男性觉得江山已稳，他会将更多的时间和精力投入到其他事情或者其他的异性当中去，对女性的关注度就会下降。

而女性，一旦跟一个男性建立较深的恋爱关系，稳定而安全的感情往往是她们在乎的。

这一点，在生物学上也是非常有意义的。一旦两人有了孩子，女性从本能上就会为孩子争取足够的资源和稳定的环境，这个时候女性通常会非常在乎对方是否爱她，她的家庭是否稳固。

“他为什么不像以前那么对我了？是不爱我了吗？”

“他为什么跟女同事聊天那么多，是不是出轨了？”

此时的女性，需要不断听到或者感受到来自对方明确的信号“放心吧，宝贝，我爱你，我永远都不会离开你”，才会觉得安心。

而且，这种游戏，有些人一玩就是一辈子。

▸“我太害怕失去了”——安全感匮乏

还有个姑娘跟我说，以前，跟男朋友一起，男朋友跟路边的阿姨说句话，自己心里都酸溜溜的。

在生活中，我们也常常听见有人抱怨，自己的手机经常被伴侣翻阅检查，有时候打电话也会被偷听，甚至行动自由也被限制。

这部分人之所以出现这种行为和想法，一部分原因来自伴侣的表现，另外一部分原因来自自身极度缺乏安全感。

有一些人，明明自己的伴侣没有其他的想法和行为，但在相处过程中，她总是怀疑这个，怀疑那个，自己也控制不了自己。

一方面，可能是她太在乎这个人，害怕失去，另外一方面，跟她个人的成长经历和情感模式有关。

如果她曾经遭受过很重要的人的背叛或者抛弃，往往容易患得患失。

这个人可以是恋人，也可以是父母或者特别看重的朋友。

▸"爱情不可承受之重"——过度重视

"我爱你"是最令人动容又包罗万象的一句魔幻奇语。

然而，很多在恋爱关系中的人却忘记了，爱情只是生活中若干个支点中很美丽的一个，但并不是唯一，也未必会是最重要的那一个。

很多年前看《东京爱情故事》，对男主角完治恨得咬牙切齿，莉香这么完美的女孩，他怎么能够辜负，去选择一个那么平庸的里美。

然而在爱情中跌跌撞撞很多年之后，再来重温，却觉得莉香太看重爱情了，这成了完治不能承受之重。

莉香的爱，像火，可以燃烧出最有生命力的完治，却也可能会因为来势太猛而烧掉一个在东京还没站稳脚跟、自尊尚未真正建立的年轻人的渴望。

她要的太纯粹，她不断地在问完治是否爱她，本来感情经历就很少的完治是经不起追问的。

我们常常会看到为爱飞蛾扑火的女性，她们过分看重爱情的地位，当然也就容易在爱情中患得患失，反而把对方推远了。

看重一份感情，不等于可以任其超越双方的承受力。

女人应该如何去爱？

《中国式离婚》里，蒋雯丽在最后站在台上对着大家说："感情就像手里的沙子，握得越紧，越容易流失。"

是啊，痴情女常见而长情男少有。

女人往往容易因为过于在乎感情而失去一段关系。

虽然我认为男性和女性就是在这种不断的分分合合中才学会了怎么跟他人跟自己相处，但鉴于恋爱中的人，特别是女性，是希望能收获一段稳定高质量的关系的，我们可能有一些共同的功课需要完成。

▸ 清醒地认识到，我们无法拥有任何人

这一点有点残酷，但却是事实。

个体的生命自从与母体分离开始，深层次的孤独就从未消除过。我们一辈子都在各种关系中去寻求那种无所不包的爱。

恋爱中深深的理解、相爱、融合，会让你感受前所未有的美好和兴奋。婚姻中的相濡以沫会让你感受到平和和幸福。

然而，我们可能需要明了：

▹ 不管你跟一个人多么相爱，都不能保证将来你或者他不会变心。

▹ 不管你们是不是结婚了，都不意味着一定会一起走完全程。

▹ 结婚证从来不是感情的保障，也并不说明你们属于彼此。

▹ 凡是需要保障的东西，都是不可靠的。

那么，是不是我们就不敢爱，不敢结婚了？

也不是。我的态度是尽我们的力量去看见彼此的生命，成就对方，无论将来是否在一起，都不妨碍我们此刻毫无保留地相爱甚至是结合。

▶ 向男人学习，丰富自己的生活

女性在被养育的过程中，一直会被告知要“找个好男人”。

《我的前半生》里薛甄珠就一直把这句话挂在口头教育女儿。

女性也会读着各种各样的爱情故事长大，她希望有一个盖世英雄能够来爱她，保护她，直到永远。

而男性在被养育的过程中，一直会被告知“要干好自己的事业”。

无论一个男人多么痴迷于一段关系，他绝不会认为爱情对他的意义大过于工作甚至是其他家人。

这就使得男女对待感情的态度其实是非常不同的。

女人重情，容易用是否拥有一份体面的婚姻作为评判自己的标准。而男性，却常常拿事业来评判自己。

不好说谁对谁错，只能说情感对于女性的意义，显然是超过男性的。

而女性，可能需要学习男性这点，明白情感不是全部，把生活过得更为多姿多彩一些。

有这么多美景需要欣赏，这么多有趣的灵魂等着去遇见，有这么多我爱的人需要关心，对不起，我真的没有空时刻想着你。

▶ 在意自己的感受，多过于他人的感受和评价

“他会不会喜欢我今天的衣服？”

“他会不会觉得我吃得太多了？”

嘿，姑娘，你可能更应该在乎的是：

“我跟他在一起开心吗？放松吗？”

“跟他相处这么久了，我是不是感觉自己越来越好？”

与其把能量放在纠结于对方怎么看，怎么评价，还不如关心自己的内在感受。

真正爱你的人，你眼中最自卑的部分可能都闪着光芒。

再说了，我才是我情感的主人，如果不让我感觉到舒服自在，多么优秀的人也是不值得相守的。

你更多地在意自己的感受、自己的生活，就没那么多可以浪费的精力去“作”对方了，到时候，男性很可能觉得你飘忽不定，反过来“作”你哦。

放轻松点，对方没有那么重要。

如果你不把爱情当作全部，就算你们的关系破裂了，也只是生活中的一个支点坍塌，天不会塌下来的。

知乎上有个人问：“为什么女生总是喜欢问我爱她吗？”

有一个人回答得非常经典：“因为是女生，不是女人，也不是女神。”

你，读懂了吗？

阅+

关于爱情的几个真相

我们不能拥有任何人，哪怕结婚了。

分手或是离婚不代表失败，只代表结束某段缘分。

爱情只是生活幸福的一个支点，重要，但又不是那么重要。

关系中，最重要的是你是否开心快乐。

你单身的真正原因是什么？

2017 年，在草长莺飞，适合表白的 520 之际，一则新闻上了微博热搜：【团中央发话了：将帮助大龄未婚青年找合适伴侣】。共青团中央书记处常务书记贺军科表示，大龄未婚是中国青年迫切关注的重大问题。为此，共青团将通过媒体和各组织开展教育，帮助青年树立正确婚恋观；联合社会青年组织多开展便于青年交往的活动，并协调和推动司法部门来规范婚介服务，打击虚假欺骗行为，从而帮助青年人找到合适伴侣。

2015 年由中国妇联发起的《中国幸福婚姻家庭调查报告》称，目前我国平均结婚年龄为 26 岁，男性比女性高 2.3 岁，3/4 的男性在 25 至 34 岁之间结婚，超过九成的女性在 30 岁之前结婚。

而更为突出的是，沿海大城市平均婚育年龄更高，以上海为例，2014 年来自上海市居民平均结婚登记年龄为男性 34.43 岁、女性 32 岁，这已是这组数据连续第五年呈上升趋势。

这些数据意味着全国年轻人进入了晚婚模式，而大城市情况更为突出。

到底是什么让我们结婚越来越晚，迟迟找不到“合适伴侣”呢?

如今出现的晚婚或者不婚，其背景伴随着整个社会的发展变化：工作压力上升，女性受教育程度大幅提高、自我意识觉醒，专业化分工提高、独立生活的便利性，等等，传统婚姻动机中的经济、繁衍需求都在下降。

同时，社会对于晚婚甚至不婚的包容度在提高，与之伴随的，人们开始更看重婚姻的质量。这些因素都会成为晚婚或者不婚的动机。

我们无意在社会大背景方面去多费笔墨，我们更想探讨的是为什么有些人明明从心理需求上很想结婚，却找不到“合适”的伴侣。在个人心理成长方面，我们有哪些能够努力的地方。

不敢恋爱，怎么结婚?

工作上认识一位 30+ 的姑娘，外形出众，口才一流。

私下聊起来，知道大学的时候她曾经是校园的风云人物，身边一直不乏追求者，然而这么多年，她竟然一次恋爱也没谈过，这让我甚为吃惊。

聊到恋爱观，姑娘头头是道，说到择偶标准，更是一口气吐了一箩筐。

“有遇到过这样的类型吗？”

“当然有，胡歌啊！”

深入聊下去，我发现她跟很多不敢谈恋爱的人一样，深层次的原因是害怕在恋爱中经历背叛、冷淡、抛弃等一系列体验，干脆连尝试也放弃了。

每次遇到一个有可能发展的男性，她都会觉得对方身上有某些点不完全符合自己的期望，不可能幸福，所以干脆躲着不发展。或者遇到了自己真心喜欢的人，又担心对方嫌弃自己不够美，不够好，连试一试的勇气都没有。年华就在这诸多恐惧中蹉跎了。

如果你幻想着能直接找到一个完美的对象，然后跳进婚姻，从此过上幸福的日子，恐怕没那么容易。

这世界上其实没有人是为你量身定做的，都是需要经过两个人真刀真枪地相处，在共同经历的事情中去学习，才有可能磨合到位，相安无事。

恋爱的经验是谈出来的，不是从书本和电视剧里学出来的。

只有在相对丰富的恋爱经历中，我们才能渐渐看清楚自己在爱一个人的过程中能拿出多大的勇气和能量，在遭受背弃的时候又是如何在绝望中一点一点找回自己。

只有通过谈恋爱，我们才能真正知道自己的喜好，也知道自己跟什么样的人待在一起才最舒适。

怕就怕，婚前因为经历太少，对婚姻和另一半的认识都不到位，婚内面对困难的智慧和能力又不足，常常拿逃避和婚外情当自己盲目选择、不擅长经营婚姻的遮羞布，还美其名曰“我们感情不好”“我一开始就不爱他”。

想结婚，恋爱谈崩了

现代社会里，恋爱是婚姻的前奏，然而，在中国社会里，我们常常把这两者捆绑得太紧密。

大学之前，父母一再叮嘱，不能谈恋爱，要以学业为重，成长路上的那些小喜欢、小暗恋和地下情都得偷偷摸摸，无法畅快，甚至到了大学阶段，还有不少父母不允许孩子谈恋爱，然而等到大学毕业步入社会，我们已经到了适婚年龄，父母开始直接催结婚。

这个时候，自然而然的，恋爱很容易被直接关联到结婚。

可是此时我们不得不面对的现实是：

年纪有点大、身体早熟透了，再不努力就好像被剩下了，于是，找到一个对象就一直在心底衡量他是否适合结婚。

太看重结果，恋爱关系反而容易经营不好。

在电视剧《欢乐颂》里，小蚯蚓（邱莹莹）和曲筱绡有着非常不同的婚恋观。

在小蚯蚓的观念里，谈恋爱就是奔着结婚去的，如果不是以结婚为前提的交往，那就是耍流氓。可小曲认为，恰恰是婚姻让恋爱变得功利，婚姻应该是两人相爱水到渠成的事情，如果一开始就想着结婚，目的性太强，反而破坏了恋爱的感觉。

双方所站的角度都有道理。小蚯蚓的观点，恰恰是不少适婚年龄的人尤其是女性持有的观点。

但小曲的观点或许从另外一面启示我们：

越是想与对方有个结果，就越容易患得患失，失去了享受爱情的滋味，度过了初见时的美好之后，各种原本没有必要过于在乎的东西就会渐渐浮出水面。

我们给恋爱绑上的东西太过沉重，渐渐压垮了通往婚姻的桥梁。

其实，什么是结果？

如果放到人生的长河中看，一个人跟你恋爱而不能结婚或者跟你结了婚又离你而去，只代表他与你生命中的缘分没有那么长而已。但是，一起度过的那些时光和沉淀下来的情谊才最重要呀。

我们不能因为一个人曾经来到你生命中又没能结婚而说这段感情没有结果。

毕竟，在离婚高发、癌症高发的年代，谁又能保证将来告别人世的时候，送你的就是眼前的爱人呢？

何不如《欢乐颂》里小包总对安迪说的那样，“你只要放轻松，好好享受就行”。当双方相处十分愉快并且觉得愿意共度一生时结婚只不过是形式和时间问题。

有伴侣，却恐婚了

几年前参加培训时认识了一个朋友，我们很投契，深聊之下了解了她的感情经历。彼时她有一个正在交往的男朋友，但是她说了很多对于两人结婚后的担忧，最主要的是，她觉得男方虽然学历家庭都很好，但是不够细心体贴，我仔细倾听并引导其继续观察，如果实在是觉得不适合，可以再考虑考虑。

几年之后，再见到她的时候，她换了男朋友，较之以前的男友而言，这个男友很体贴，也很细心，可是她对将来的婚姻生活仍然有很多担忧。后来和她聊起来，才发现她不是对男方有多么不满意，而是对婚姻本身信心不足，用标签的贴法，叫作恐婚。

现在二人相安无事，可是生了孩子怎么办？有婆媳矛盾了又怎么办？到时候我会不会过得不幸福？万一离婚了又怎么办？

……

恐婚背后难以忽视的担心包括：害怕婚姻不长久；怕承担婚姻中的责任和义务；害怕处理复杂的家庭关系；害怕生育；对彼此感情不够有信心。

在结婚前对婚姻持谨慎态度是对的，不过如果过度担忧我们就得考虑了：到底是找的人不适合自己，还是来自自身内在的原因更多一些？

婚姻的质量是因人而定的。当你结婚了，你会发现，原来婚姻并不是童话中所说的 happy ending，但也并不一定是别人口中所说的一地鸡毛。这取决于双方的感情基础，以及在婚姻经营上投入的智慧和耐心。

但是，无论你的婚姻能走多远，你都有机会有以下收获：

▷ 看到未曾了解的自己。

▷ 体验前所未有的亲密关系。

▷ 从理论到实践，学习如何真正成为一个为自己人生负责的人。

生活是最好的修行，而婚姻，恰恰是其中重要的一课。

在今天这个晚婚甚至不婚已经成为普遍趋势的社会里，其实你完全不必太在乎“大龄青年”这个称呼，更不用觉得这是个问题。大龄未婚青年，不是一种身份，仅仅是当前的一种状态而已。这对于婚姻而言有影响，但并不是决定性的。

与其陷在“大龄未婚青年”带来的各种焦虑和压力中，倒不如多学习一点亲密关系和个人成长的课程，对自己和伴侣有更清晰的了解。

更重要的，你得放下恐惧和担忧，谈恋爱去，这才是正事。

阅+

在结婚前犹豫不决的人可以问自己几个问题

- 双方目前的感情状况如何，是否有与之结婚的内在动机（非父母和其他外在的原因）？
- 我们在一起是否感觉快乐轻松（包括性）？
- 我是否愿意与对方一起努力，共同承担婚姻中产生的各种困难？

在相信爱情的时光里，把彼此收了吧

周末，应校友会邀请，参加了“80 后”“90 后”学弟学妹的联谊活动，我担任观察员。一个个灵动的身影和一张张鲜活的面庞闪现在互动游戏的各个环节。笑着、拥抱着、羞涩着、期盼着……吵吵闹闹，好不热闹。

此时屋外已天黑，寒意正浓，屋内扑朔迷离的灯光下，洋溢着年轻的彷徨和躁动不安，虽然怯怯的，但却暖暖的。

有那么一瞬间，突然就觉得很感动。

走到这个年纪，听了太多的对婚姻的失望与抱怨，对人性的洞察和揭露，甚至，越来越多的人，在追问人一定要结婚吗？

可是在这个现场里，你更多的，还是感受着大家对爱情、对家庭的期望和渴盼。

盼望着有那么一个人，可以跟你在这个霓虹灯闪得人心惶惶的城市相互依偎，可以懂你笑容背后那些小小的情绪，可以手拉手，一起肆无忌惮地往前走。

因为年轻，我们会为了一张小小的明信片上的文字而感动，也可以头碰头在大排档约会度过美妙的时光。

因为年轻，爱一个人往往敢于飞蛾扑火，即便伤痕累累，痛着哭过，重新爬起来再专注地投入下一场爱恋。

稍稍年长，是不是这种感觉变得有点陌生，或者没有勇气？

优质青年的恐惧

当晚碰见一名单身的律师。

他在繁华的陆家嘴某家律所上班，干他这行大部分人收入不菲，可是，相当多的人选择了独身。

问他为什么，他说，因为工作的原因，见过太多分分合合中人性的丑恶，结婚变成一件让人战战兢兢的事情。

闻罢深表理解。

我回了他一句：“在女人还特别相信爱情的年纪，赶紧拉入怀里来吧。”

如果你喜欢的女人恰好是一个经济已经独立，头脑特别清醒，还对人生和爱情有深度的理解，那么，她没那么容易因为几句好听的话和一份精致的礼物就跟你走了。

他深以为然：“在她还稀里糊涂，相信爱情的年纪里，把她拉进怀里好好疼着宠着，一辈子不觉醒也是一种幸福。”

听到这，女同胞得手动点个赞才行。

喜欢，可是没有勇气

随意走走，发现一个小伙子对身边的女孩子颇感兴趣，频频找话题，试着交换了微信。

男孩子看起来很想有进一步的发展，可是却无从下手。临别，也只是泛泛交谈。

我问他："你喜欢这个姑娘是吗？"

"对啊，是我喜欢的类型。"

"那你准备怎么做呢？"

"能做啥呢？也就是一时的心动而已。"

"为什么呢？"我问。

"到我这个年龄，不可能为了谁疯狂地做一件事情了，再说，她如果喜欢我，我也不用追啊。"

"可是，她看起来有点高冷，如果她刚好也不善交际，明明喜欢你也不知如何是好呢？"

他一时语塞。

我们在爱里，想得太多，做得太少

真的上了年纪就不能豁出去爱吗？

想起读研时的闺密，因为是工作之后再读研，年纪已经不小。

姑娘在北京读书，她男友当时是一家药企的华中地区经理。

这个男人从学生时代就喜欢她，可是，彼时姑娘有男朋友。后来，断断续续保持联系 9 年，终于等到了姑娘单身。

她在北京读研期间，他经常坐一晚上火车来相聚，周日晚上再赶回去上班。

后来，他申请调动不成，放弃了高薪工作，决定到北京，从零开始起步。

再后来，他们有了可爱的女儿，姑娘又开始读博、创业，他一直在她身后支持她。

在不同的年纪，爱人的方式或许会不同。

年少时，除了学业，爱情显得分外重要。很多异地上大学的情侣，为了相聚，可以在火车上站几十个小时只为见一面。

“非典”时，我们都被封闭在学校，多少对情侣为了见一面，偷偷请假溜出来，冒着被传染的危险在门口对视。

那样的记忆和感受，鲜明，甜美。

年龄渐长，很多事情与爱情一起走进我们的生活，一时间爱情占据的分量好像越来越小。

爱一个人，或许就体现在生病时床边的一杯热水里，在共同省吃俭用买房的日子里，虽然少了些浪漫，也不疯狂，但是平淡而持久。

所以，不是疯狂的行为才叫爱，不是年纪阻挡了我们爱的脚步。或许更重要的在于，**我们在爱里，想得太多，做得太少。**

不要那么害怕受伤和结果，试试可好

学妹问:“为什么我觉得身边很多女生都很好，却单着？”

一旁的师弟非常委屈:“我也觉得我很好啊，为啥也没女朋友呢？”

是啊，的确如此，就算没有精确样本，我也能感觉到身边一批不错的人想找对象却找不到合适的，女性更多一些。

为什么呢？交际圈窄，缺乏和异性接触的机会，高强度的生活让人喜欢宅等都是原因。

除此之外，或许还有一个深层次的原因：**我们是不是太害怕失去，太在乎结果了**？

爱情的本来面目，就是相互喜欢的两个人希望在一起。

也许是因为俊俏的外形，也许是因为火辣的身材，也许是因为对方一颗可爱的小虎牙，也许是因为一个笑容，也许是因为共同的价值观，也许是因为说不清的原因，我就是喜欢你，愿意跟你待在一起。

然而在考虑到婚姻的时候，我们往往把地位、学历、财产等一系列的东西都放进去了，然后就不自觉地退缩了。合理吗？非常合理。

可是，我们并不能保证下一次恋爱就能够结婚，也不能保证结了婚就不离婚，索性，我们不要那么害怕受伤和结果，试试可好？

试着，无论在什么年纪，碰见喜欢的，可以相伴的人，脸皮厚一点吧。

如果只是在乎那点脸皮，或许我们会错过一个相伴一生的人呢。

如果在你动心的瞬间，你曾经毫无保留地努力过，在你们相恋的日子里，问心无愧地对待过彼此，哪怕最后没有白头，也留下了美好的回忆，这种感觉也不错啊。

再说，只有真刀真枪地恋爱过，我们才能知道自己适合跟什么样的人签订一个长期契约啊。

活动时，主办方请我上前点评。

我说："作为男人，遇见喜欢的女人，请勇敢一些，女人喜欢你的勇敢和坚定。作为女人，哪怕不好意思表白，也请给点暗示给你心仪的对象吧。"

那么年轻美好的面庞和身影，因为胆怯、怕辜负而不敢往前走，多么可惜呢。

敢爱的人，拥有着生命力旺盛的样子。

爱情，是能让人年轻的法宝之一啊。

在爱情里，我们害怕喜欢的人不喜欢自己，我们害怕失败受伤，我们害怕真心被辜负，我们害怕谈一场没有结果的恋爱……

只是，活在恐惧里，心只会不断枯萎。

还不如敞开心扉试试看。

在相信爱情的时光里，把彼此收了吧。

阅+

如何追到心仪的对象？

找借口常联络，常见面（刷存在感，培养交往习惯）。

多聊天（加深感情，培养交往习惯）。

不时为他制造一点小惊喜（投其所好的行动）。

形成默契后，选择对方喜欢的浪漫方式表达出来（女生如果害羞可以诱惑之）。

在一段关系里，越放松，越快乐

风是一个非常外向的女孩，虽然年龄已经 30+，但看起来跟 20 岁出头的小女生并无区别，整个人充满了活力。

她是为了感情的事情来的。

她曾经有一个比她小 8 岁的男朋友。两人是异地恋，男孩在国外读书，某次回国的时候遇见了风，一见钟情。男孩对风表白的时候，风问："我是以结婚为前提谈恋爱的，而且我比你大，你可否问问你的父母是否能接受？"男孩照做了。他父母虽然反对，但是看起来态度不算太坚决。

他们就这么开始了跨越重洋的恋情。你懂我，我懂你，最初恋爱的日子几乎是浓得化不开。

为了相聚，他们省下钱买机票，从国外到国内，从国内到国外，每次的相聚短暂却美好。尽管男孩才 24 岁，但他知道风想要安定下来，他爱她，所以觉得早点结婚完全没有问题。回国前，他说想养一只猫，风说，结婚后再说吧。

回国后，男孩进入一家创业公司，他说，想买一辆代步车，风说，先存钱结婚吧。后来的后来，当风觉得可以把结婚摆上日程的时候，各种问题开始层出不穷，结婚时间、房子、父母的意见，等等，他们开始争吵，又和好，又开始争吵，如此循环往复。

明明非常相爱的两个人，却仿佛陷入了一种恶性循环模式，找不到出路。

我问风："你很在意这段感情是吗？"

"是啊，我对这段感情是非常认真的。我觉得我们两个人很合拍，感情浓度也很高，可就是不知道为什么，每次提到结婚的问题，总是很痛苦。"风说。

听到这里，其实我想说，嘿，姑娘，你或许就是被你的认真给害了。

风觉得自己不年轻了，碰到一个真心喜欢的人，就很想用力抓住。

注意到了吗，在男孩刚刚表白的时候，风就让对方去问父母的意见。

潜台词就是，我是想结婚的人，如果你父母反对，那么我们就不要开始了。

有道理吗？有的，作为 30+ 的适婚女性，非常可以理解。

被恋爱冲昏了头脑的男孩，也觉得结婚是两个人愿意就可以的事情。所以，他一开始觉得爱人的要求是非常合理的。

再后来，当风如两个人最初约定的那样把结婚摆上日程的时候，男孩突然找不到舒适感。

想养宠物，等结婚了再说。

想买车，等结婚了再说。

结婚等于什么？

结婚等于他要买的宠物，要买的车，都实现不了。

结婚等于吵架。

结婚等于找不到出路，失去自由和痛苦。

请问，他还愿意结婚吗?

不是不爱。而是，男人是怕麻烦的动物。

起初，他受荷尔蒙的驱使，眼中只有爱情，至于结婚，觉得是顺理成章的事情。

当风过于看重结婚这件事情本身，将其他一切事情都往后排的时候，结婚便开始变得沉重起来。

姑娘活脱脱地把自己变成了“结婚狂”啊。

一想到今后的日子，他们都在婚姻面前止步了。

其实，想要恋爱关系能够长久，秘诀也很简单，就是快乐。

越是放松，越容易快乐。于是，为了能让这种轻松快乐更加持久，爱人们会选择婚姻，试图长相厮守。

如果还未曾走进婚姻，日子便越过越沉重，谁承担得起啊。

因为爱他，因为自己已经到了适婚年纪，更因为他们之间岁数的差异让风没有安全感，风把关注点都放在了结婚这件事情上。

当你过分地看重一件事情，你就会很认真，认真到过度紧张，患得患失。渐渐地，你迷失了原本的轻松活泼，迷失了你自己。你忘记了要享受在一起的甜蜜，忘记了你们在一起最重要的是因为你们喜欢彼此啊。

在恋爱这件事情上，或许我们真应该学习红尘浪子们的态度，眷恋的是相爱时的美好，而不计较能否相守到老。

人生不过短短几十年，不妨放轻松一些。

当你的身心处于紧绷状态，意味着收缩、抗拒、恐惧、害怕、封闭，渐渐地让自己处于一个低能量的状态。

当你的身心处于放松状态，意味着开放、活力、包容、尝试、勇敢、游刃有余，容易在顺流中达成心愿。

不管是否有结果，我们曾经一起度过的那些美好时光，不是比一张证书更重要吗？

没有结果，未必不能开始。

真的，结果没有那么重要，你所在乎的东西，也没那么重要。

不如哼着小曲，体验红尘爱恋，体验人生。

越放松，越快乐，不信你试试。

阅+

如何理解“不以结婚为目的的恋爱都是耍流氓”？

- 人生不易，恋爱就该轻松愉悦享受之。
- 结婚应该水到渠成，而不是迫于外力。
- 太在乎结果，往往会丢失了自身的魅力。

为什么说罗子君是唐晶和贺涵的解药?

前阵子，电视剧《我的前半生》火得一塌糊涂。

虽然这部剧很多剧情编得不合逻辑，三观也引起争议，但在人设方面确实有独到之处，编剧对于人心甚为了解，这部剧的人物深深地打动了很多人。

马伊琍扮演的罗子君在剧中其实并不讨喜：

离婚前爱慕虚荣，视野狭小，行为举止夸张，对先生疑神疑鬼，经常上演原配防小三的戏码。结果无论怎么防备，还是没能留住先生的心。

离婚后，在比亲人还亲的闺密唐晶和看起来无所不能的贺涵（唐晶的男友）的帮助下，一步一步从泥坑里爬出来，一步一步感受到了有把握的生活是什么样子。

只是编剧却让罗子君和闺密的男友相爱了。这使得很多观众不能容忍，觉得她横刀夺爱，伤害了对她比家人还要亲的唐晶。

罗子君到底应不应该接受贺涵，大家在群里争得面红耳赤：

“闺密的男人绝对不能碰，不就是一个男人吗？这是三观不正，道德败坏！”

“他们分手并不是因为罗子君，本来就不合适，当接盘侠有什么不可以？”

我抛出去一句：“其实罗子君是贺涵和唐晶的解药，没有她，这对璧人不知道还要多少年才能认清楚自己。”

很多人表示不解，我索性就围绕三者之间的关系写篇文一吐为快。

大家可能会有三个问题：

▷ 唐晶和贺涵为什么走不到一起？

▷ 唐晶这种独立女性怎么可能跟罗子君这种女人做闺密？

▷ 贺涵这么完美的人怎么可能爱上罗子君这种女人？

或许在下面的文字里你能找到答案。

贺涵 vs 唐晶：把权力规则带入情感世界

贺涵和唐晶这对 CP，就是人们常说的势均力敌的一对。

两人是咨询界的金童玉女，在外人看起来无比般配。他们亦师亦友，一起联袂创造了很多工作上的奇迹。

然而这对 CP 刚出场，我就觉得百般别扭。

记得洛洛第一次见到他们说过什么吗？“我怎么觉得他们不像男女朋友呢？”

连一个涉世未深的小女孩都敏锐地捕捉到了他们之间似是而非的东西。

他们之间的感情，有尊重、有克制、有隐忍、有欣赏、甚至有竞争，然而，唯独少了亲密，少了信任和放松。他们把感情搞得太过复杂。

其实，感情真的没有那么复杂，跟什么人待在一起开心快乐，更接近于真正的那个自己，这就是舒适和合宜的情感。

他们相恋了10年，却因为一点点外界的风吹草动，就改变了结婚的想法。

就像唐晶所说，横在他们中间的，从来都不是什么薇薇安："我想原因在于，你不够爱我。"

然而，唐晶看到了贺涵不够爱她，她没看到的部分，其实是她不够爱自己，更不敢承认自己的脆弱和没安全感。

因为害怕失去，连拥有都不敢。

记得唐晶和贺涵真正分手的时候，唐晶说过什么吗？

她说，在她心中，已经无数次预演过现在这个场景，连自己该以什么姿势离开都想过。

你很难想象，一个在恋爱中的人，是怀着这种心情去考虑是否结婚的。

可见，在与贺涵的相处中，她是多么地缺乏安全感，这份感情于她，已经不是享受，而是陷入了一种患得患失的境地。

她当然爱贺涵，但是对她而言，贺涵不是那个能让她卸下铠甲柔软起来的人，却经常是那个她想战胜的人。更多的时候，她把对方当作职场上的竞争对手，却忘记了他是自己的爱人啊。如果连爱人都无法相信，这种生活该是多么紧张。

贺涵当然懂得唐晶的价值，他看着她一点一点由白纸一样的实习生变成了大家心目中无所不胜的职场精英。这于他而言很有成就感。

为了迁就唐晶心理上的脆弱，其实他也做了很多改变和妥协。比如，他同意唐晶不搬过来同居，尊重对方暂时不想结婚的意愿，甚至完全接受唐晶离开上海前往香港去打拼事业。

但是，正是这种隐忍克制的感情，让唐晶这种缺乏安全感的人感受不到自己在感情里的存在——我于他，竟然不是那个可以让他不顾一切的人，这样的爱，不是我要的。

唐晶要贺涵豁出去爱她，而贺涵，却做不到。

贺涵做得最错的一点，是明明在爱上罗子君的前提下，还准备因为责任跟唐晶结婚。

他们俩的共同点在于，都把职场上的权力规则带入了感情，同时他们都不是自己想象中的那么无坚不摧，都属于外表坚强而内心脆弱的人。

罗子君 vs 贺涵：你融化了我

这部剧里面，表面上看起来是贺涵在帮助罗子君，在打磨完唐晶之后，接着来打磨罗子君。

很多人都觉得，把看起来极其平庸的罗子君一步一步打造成职场精英女性，是贺涵内心深处的需要。他对于罗子君而言，是恩人。

这种看法，的确是有道理的。贺涵这种老干部式的人，习惯了对别人的事业提出精辟而智慧的见解，因此在剧中也是妙语连篇。

他的确帮了罗子君很多。但贺涵这个人最大的优点，不是帅(当然把演员换成别人我是绝对不干的)，也不是他多么能赚钱，或者多么能为人师，而是，他能真正地发现一个人，“看见”一个人的生命。

这一点有多么重要？无论说多么重要都不为过。

他可以把一块石头打造成璞玉，可以让一个自卑自闭的人成为自带光环的人。可以让人在精神上起死回生，也可以让人发现自己都不曾了解的部分。

剧中的罗子君，是中年失婚女性，能想象一开始有多么自卑和沮丧。然而，贺涵除了在实际行动上帮助她，还真正地看见了她。

当罗子君换一个工作的时候，陈俊生继续给她找了商场的工作，他的出发点是“安安稳稳，照顾平儿”，而贺涵的出发点却是罗子君本身的发展。

面对她的每一次进步，他都及时给予正向的反馈。

这种看见和欣赏，是比男女之情更可贵的东西。他能照亮罗子君灰暗的人生。

然而，你认为罗子君仅仅是“受”者吗？那你恐怕误解了他们的关系。

实际上，罗子君对于贺涵的意义，也是非同一般的。

贺涵出身于一个知识分子家庭，他的家庭氛围里，有尊重、有教养，唯独缺少生活气。他努力让自己优秀、卓越、完美，却接受不了自己不完美的部分。他解决问题的模式就是全部自己扛，或者大包大揽式地替重视的人解决问题。

他一直是这么卓越地生活着，遇到唐晶，或者说工作上接触到的大部分人，都是很类似的人。

直到遇见罗子君。罗子君和她的全家人看起来都特别的麻烦，有数不清的问题需要解决。

但是，随着剧情的展开，你有没有感觉他们一家人其实是特别有烟火气的一家人？

无论什么境遇，反正有办法活下去，而且，吵吵闹闹背后都有爱。这跟贺涵知书达礼而缺乏人情味儿的成长环境相比，是一种新鲜和渴望。

遇到离婚，罗子君一把鼻涕一把泪，甚至穿着睡衣面对贺涵，这于唐晶是无法接受的场景。

看见贺涵让人讨厌的地方，罗子君不管他是不是闺密的男朋友，毫不客气地讽刺贺涵。

罗子君敢于承认自己无能、脆弱、需要帮助，而贺涵和唐晶不能。罗子君的这种需求信号，又极大地激起了贺涵的保护欲。

所以你看到贺涵在雨中因为担心罗子君的安全，失态地对她怒吼；看见他因为罗子君数次影响自己的工作（当然很多剧情有些夸张）。

贺涵曾说："我觉得你们这一家人都挺好玩的"。罗子君觉得自己和家人是大麻烦，而这对于贺涵，却是一段可以显示自己能力，同时又可以展现自己脆弱和不完美的关系。

这就是为什么唐晶问为什么是罗子君，贺涵回答："因为感觉真实和轻松"。

而且，罗子君这个人跟她母亲一样，有一种低到尘埃里也能开出花的力量。

她可以为了生计忍住别人的羞辱和轻蔑。在别人异样的眼光中给凌玲低头穿鞋。

别看她看起来特别的平庸和卑微，但是关键时刻，她也可以为了保护贺涵和唐晶挺身而出，做出一般人都没有勇气做的事情来。

罗子君比自己想象中都要强大很多。她敢在关键时候豁出去，如同她的母亲。

罗子君 vs 唐晶：需要与被需要

唐晶和罗子君的友情，也是剧中十分打动人心的力量。

唐晶这个角色，其实是让人心疼的。

职场上风风火火，面对倾轧毫不相让，多年的历练，已经让她知道该怎么面对职场上的那些相互算计。

她的生活里，其实除了贺涵和罗子君，没有什么朋友。

作为一个女性，要在精英扎堆的咨询界占据那么高的地位，其中的艰辛和泪水，可想而知。

对外的她，果敢、坚强、聪慧，有原则有底线，显得无坚不摧。

但唯独面对罗子君，她展现了最柔软的一面。

读书的时候，她经常去罗子君家蹭吃蹭喝，跟一家人都结下了情分。

罗子君做全职太太的时候，每周都来帮她做好吃好喝的，从生活上竭尽所能地照顾这个不知道疼自己的闺密。

等到罗子君婚变，她跑去质问陈俊生，帮罗子君找工作，以实际行动和语言鼓励她一步一步度过最痛苦的时光，甚至不惜把男朋友也拉进去（这有点突破了一般人的界限感），当然，也许在唐晶内心深处，她认为贺涵和罗子君是不可能相爱的两类人。

唐晶对于罗子君的意义，罗子君心里很清楚。如果不是唐晶，她很可能要花更长的时间，更大的代价，才能走出泥坑。

然而，需要看到的一点是，其实这世间并不存在单向的关系。

需要与被需要，往往是交织在一起的。

唐晶能帮罗子君解决工作和生活上的困难，而罗子君也是唐晶能够释放柔软和感到放松的人。

打个比方，在母子关系里，看起来是年幼的孩子更需要母亲，而母亲永远在无微不至地照顾孩子，但实际上，母亲一样离不开孩子，甚至，母亲更离不开孩子。

罗子君的存在，是唐晶生活里的一块净土。没有职场上的算计，只有交心与被需要。

唐晶再怎么显得无坚不摧，其实她内心还是需要柔软，需要释放。而看起来那么柔弱和真实的罗子君，恰恰迎合了这种需要。

罗子君的脆弱写在了脸上，而唐晶的脆弱，刻在了心里。

其实，就我个人来说，我十分不喜欢编剧把贺涵和罗子君安排相爱了，但考虑到争议性和关注度，你又不得不佩服编剧抓人眼球的能力。

罗子君：唐晶和贺涵的解药

罗子君最后是否跟贺涵在一起，这是编剧的事情。

我只想说，贺涵爱上罗子君，唐晶跟罗子君那么要好，都是非常合情合理的。

一个人之所以喜欢跟另外一个人长久地交往，其实在某种程度上就是相互需要。

当这种需要没有了的时候，缘分就会结束。

贺涵于罗子君，是雪中送炭，让她一步一步发现了生命的价值。而罗子君于贺涵，是让他从天上跌落凡间，真实地踩在土地上，特别的踏实和安稳。

唐晶于罗子君，是闺密，是亲人，永远都有恩情在。而罗子君于唐晶，是放松，是柔软，是需要与被需要。

罗子君，就是贺涵和唐晶卸下铠甲的解药。她让他们更有机会看到了以前逃避和隐藏起来的问题。没有她，他们可能还要更长时间，付出更大的代价来认清楚自己。

当然，没有罗子君，我也认为会有刘子君、李子君，让贺涵和唐晶看到，他们“这么多年，只是在装一对金童玉女”，终究是骗不了自己。

题外话：其实，人到中年，多少都会意识到，女人的归宿，从来都不是男人和家庭，而是自己。闺密之间那种惺惺相惜，肝胆相照，真的是世间十分珍贵的情感。这也是很多人替唐晶感到不值的原因。

阅+

关于一段关系我们需要知道的真相

这世间并不存在单向的关系，需要与被需要，往往是交织在一起的，包括夫妻恋人之间，父母与孩子之间。

警惕那些纯粹牺牲式关系的说法，其背后都隐藏着各自的需求。

看起来痛苦、折磨的关系，大多也是当事人内心深处的需要。

一段关系真正痛苦到不愿意承受的时候，当事人自然会选择离开或者结束。

只愿白发苍苍，
我依然能在你身边絮絮叨叨

…

Even being alone, it's better than sittingnext to a lover and feeling lonely.

孑然一身，亦好过与所爱之人身在咫尺，却心各天涯。

2018 年 3 月 14 日，伟大的宇宙学家、生命学家霍金走了，读到他的故事，我深为震动，其中他与前妻简 · 王尔德初见时的一段对话，让我印象深刻。

1963 年，剑桥大学，一场学生聚会上。

那时的霍金，21 岁，健康风趣，遇到简的时候，他们是这么展开对话的：

霍金："我是一名宇宙学家。"

简："什么？"

霍金："这是一种有智慧的无神论者的宗教。"

简："那你信仰什么？"

霍金："用一个单一的统一方程式解释宇宙间的一切。"

简："这个方程式是？"

霍金：“真是个好问题，我正在研究。”

多么美妙的对话对不对？

作为旁观者尚且能嗅出辽阔宇宙中与众不同的独特气味，何况互生情愫的爱人，能感受到多么强烈的震撼？

也许正因为如此，霍金夫妇才可以在霍金特别的身体条件下依然携手走过 25 个春秋。

能聊到一起有多重要？

两个人维持良好亲密关系的秘诀，无外乎能聊到一起，吃到一起，睡到一起。

而如果在其中选一个最关键的，我认为是能聊到一起。

多年以前在朋友推荐下看到 *before sunrise*（三部曲）系列，有一种惊艳的感觉。能看到这种影片，深感荣幸。

尽管影片由一场邂逅开始，但影片没有好莱坞的百转千回的故事情节，台词完全由主人公娓娓道来，关于人生、音乐、死亡等都在片中有并不肤浅的探讨。

观影的过程中，你会感受到来自男女精神层面思想火花的碰撞，那言谈之间透露出的默契与心有灵犀，睿智的人生洞见，一点一滴地打动着观众。有的粉丝称这部电影为“话痨”电影，可见其台词所占的篇幅。

虽然男女主人公之间也存在性吸引，但这种性吸引通过缓慢、温馨的手法体现出来。这部电影的重点是男女之间的攀谈，而不是他们的性关系。这就使得这部电影显得尤其另类与特别。

有人说：“男女交谈与性交的对比，就好似衣着与赤裸人体的对比。前者富有无穷尽的变化、逗趣、伪装或个性表达；而后者不过是一锤子买卖。”

很精准！

这部影片并不停留于花前月下的清谈和浪漫的爱情本身，在第三部 *Before Midnight* 里，又更深地开始探讨两个 soulmate 在生活中结合之后如何面对那些平庸、琐碎和衰老，一下子把观众从云端拉回了地面，然而你又不得不感叹，这才是真正的生活啊。

再怎么强调高级趣味的两个人，再怎么寻求神交的两个人，还是和平凡夫妻没有什么区别，一样要面对那些普通人困惑的家庭关系、沟通障碍、烦人的家务……

然而，也许令很多情侣羡慕的一点在于：

无论他们俩走到什么境地，两个人敞开心扉的对话始终没有停止过。

这是他们情感关系最引人注目的部分，也是生活中很稀缺的部分。

我们太久没好好听彼此说话了

求偶的过程中，很多人都困惑，我到底要找一个什么样的人才能融洽地过一辈子？

答案当然很多，可是，通过聊天去分享细节却是维系良好关系不可或缺的一部分。

前不久一个闺密跟我说私房话。

有一天，先生在洗澡，她不小心闯进去了，先生下意识地遮掩身体，非常不好意思。

这一幕让她感到，夫妻关系已经出了问题。两个人渐行渐远太久了。先生经常在外工作，她在家带孩子，双方几乎没有什么静下心来认真沟通的时间。甚至，她认为，先生出轨几乎是必然的。

我们常常可以看到，恋爱的时候原本其乐融融的小两口，结婚之后，渐行渐远，到最后，甚至感觉对方像陌生人。

“我怎么会选了这么一个人？”

“当初不是感情很好的吗？为什么现在会这样？”

真的只是因为孩子、工作、中年危机等一系列的压力，我们疲惫不堪，才找不到当初的亲密和柔软？

或许，这是一个天长日久积累的结果。没有第三者，没有恼人的婆媳关系，我们也走到了这般境地。其中，一个重要的原因就在于，我们太久没有拉着彼此的手，好好听彼此说话。

一开始，是这样的。

“我们一会儿去哪里吃饭？”

“嗯，我想想，饺子馆？还是街角的那家牛排？”

“我都吃腻了呢！想想都饱了。”

“我觉得还不错嘛，那你想吃啥？”

“要不然买点菜，我喜欢吃你做的糖醋排骨。”

“好呀好呀，我们一起去。”然后，腻歪地去菜场买菜，做饭，再乐滋滋地一起埋头吃。

过了些年，变成了这样。

“晚上吃什么？”

“随便。”

“什么随便，哪里有什么随便。”

“你做啥我吃啥不就得了！”

……

交流戛然而止。

抑或是，妻子向先生抱怨工作压力大，上司的态度，同事的推诿。

面对妻子絮絮叨叨，先生劈头一句：“这么点破事有什么好说的？你为什么总把精力放在他人的态度上，你就不会好好做自己的工作吗？”

渐渐地，交流的阀门关闭了。

天长日久，你陷在你的苦恼中得不到纾解，我陷在我的压力中无法释怀。

“他怎么就不懂我？”

“她怎么就知道凶我和孩子？”

大家都苦闷，都委屈，日子便渐渐地过成了将就和凑合。不甘寂寞的人，把眼睛看到了墙外。

当大龄青年纷纷叫嚷找不到真爱的时候，已婚人士纷纷脸红耳赤地偷偷告诉别人，他们寻找到了真爱。

或许，不过是，墙外的那个人认真听你说话，而你也愿意把生活中的酸甜苦辣跟她一起分享了，你的情绪，得到了回应。

你早已经忘记，曾经，你们也是如此细致地交换想法。

亲爱的，我愿意和你聊聊

这世上，其实有不少人在通过每天分享细节和感受的方式，加深着彼此的链接。

围绕吃什么，他们往往都能讨论半个小时。

我的父母，就是属于这一类人。

童年的场景，印在我脑海里最深的就是：夏日的傍晚，吃过晚饭，爸爸端上西瓜抑或是其他水果，一家四口坐在院子里闲聊。从国家大事到我和哥哥的学习，爸爸妈妈的工作，什么都聊。这种彼此分享的场景深深地流淌在我的血液里。

所以在我的认知当中，一家人，每天都需要坐下来好好聊聊一天的状况，什么都行，不带评判，不带期望地去聊。在分享和交流的过程中，感情也在自然地流淌，而孩子，也会深深地感觉到家的意义。

▶ 利用特定时段沟通

现在的城市生活，节奏很快，这样的黄金时刻就显得非常珍贵。一家人，可以利用晚饭、临睡，甚至早饭的时间来完成这个环节。无论什么时间段，最关键的是，你想说什么的时候，我认真地倾听，如果是一时间很忙，就告诉对方："我现在比较忙，稍后再来细聊可好？"

▶ 不惧怕对方无法理解

有的夫妻可能会认为，对方的单位跟自己不是一个类别，所以无法真正理解自己，就不去分享和沟通了。但我们可不能忘记水滴石穿的道理。

一个从事技术工种的先生如果长年累月地跟学文科的妻子分享一些行业发展动态和热门词汇，几年之后，这位妻子不仅可能理解先生的状态，更有可能出去跟人交流原本一窍不通的行业。

一个天天跟先生分享育儿细节的妻子，邀请先生参与到孩子的成长里来，先生也会有融入感，“丧偶式育儿”就不容易出现。

▶ 做彼此的倾听者

能够听彼此的废话，并乐此不疲地回应，不做评判，是多么难得的事情。人的一生，可能会经历大大小小的困难，若是两人能够相互体谅，在分享中彼此了解，彼此关怀，一起经历岁月给予的无奈和冲击，人生的路便显得轻松很多。

而最重要的是，经历生活的磨砺，我们仍然能了解对方的状态，不至于把本该分享的话说给别人听，那些风花雪月的故事，也便没了滋生空间。

所以，碰见一个能聊天的伴侣，抓住了，别轻易放手。

只愿，夕阳西下，白发苍苍，我仍然可以毫无芥蒂地在你身边絮絮叨叨。

阅+

沟通，是维护亲密关系的法宝

请记住几个有效沟通的原则：

- 选择合适的沟通时机（心情好、氛围放松、情绪期已经过去）。
- 肯定对方意见的合理性（我理解了你）。
- 表达双方立场的一致性（寻找共通点）。
- 表达自己的意见以及情绪（希望你也理解我）。

抱不到你的时候，我该怎么办？

可是亲爱的你怎么不在我身边
我们有多少时间能浪费
电话再甜美
传真再安慰
也不足以应付不能拥抱你的遥远。

——《亲爱的你怎么不在我身边》

Nicole 和男朋友 Shawn 是大学校友，互相了解互相欣赏，感情浓厚。

大学毕业之后，Nicole 去了北京读研，Shawn 去了深圳一家民营企业工作。

他们有很多关于未来的规划，希望毕业之后双方能团聚。

暑假的时候，Nicole 提出到 Shawn 出差的地方去陪他，Shawn 觉得自己太忙，没有时间陪 Nicole，不让她来。

Nicole 心里觉得不被需要，很委屈，但她一向比较懂事，也就没说什么，后来利用假期进入一家单位实习。

某天下班，外面下起了雨，Nicole 没带伞，淋着雨往前跑。

突然看见一个妹子欢快地扑向男朋友的怀中，男朋友给她打着伞，疼爱地替她拂去水珠。

这个场景，让她突然情绪崩溃了，她坐在公交站台边像个孩子一样大哭起来……

她觉得 Shawn 不爱她，不需要她，眼中只有工作……

恋人在远方的你，是否也曾有过这样的瞬间，无力、脆弱，觉得特别孤单和不被需要？

又或者，面对电话那头伤心欲绝的她，越安慰越笨拙，连个拥抱都给不了，特别无能为力？

讲真，异地恋在爱情游戏里的确显得 super hard，但是，随着交通的便捷和工作方式的跨区域、跨国家化，越来越多的人正以异地恋的方式生活着。

在如何经营异地恋的问题上，我们当然需要吸收一些过来人的经验，但更重要的是，借助这个过程真正地懂得跟自己以及跟他人相处。

为什么说能扛住异地恋的人，都是伟人？

人们常常说异地恋难，其挑战之处是显而易见的。

面对那些化解不掉的情绪，Ta 在身边时也许一个拥抱就能解决，但是，隔着屏幕，我们却很无力。

▸"为什么不回我微信"——从前慢，如今慢不得

随着各种社交软件的发展，哪怕是在异地，每天也可以视频，然而，看起来便捷的沟通方式也并非没有缺陷。

一方面，较之于见面，我们仍然可能无法分享很多细节，很多可以提高感受度的信息是缺失的。

更关键的是，当 Ta 处在某种情绪中希望得到安慰或者理解的时候，你往往因为不在 Ta 身边，无法感同身受，无法理解对方。

也许 Ta 眼中的大事在你眼中不过是轻描淡写的事情，双方沟通障碍会增加，伴随的焦虑就会增加。

另一方面，随着沟通方式的便捷，我们又往往产生了另外一种焦虑——对信息反馈速度的耐受力降低。

过去那种鸿雁传情等待回信的日子，充满着期盼，有种别样的美。

然而，伴随着沟通方式的便捷，我们对于信息回复的忍耐力越来越低。

"Ta 为什么不回我微信？ Ta 在做什么？"

在这种猜测下，原本很简单的事情就有可能变得复杂化。

对信息回复时间期盼较为迫切或者说时间多的那个人，往往就成为焦虑的一方，争吵和误会就会发生。

▸"隔着屏幕我抱不到你"——缺乏肢体接触，情感无法彻底表达

温暖的拥抱，亲昵的抚摩，毫无间隙的性爱，成为恋人之间感情的重要润滑剂。

然而，当爱人在远方的时候，这一切，便变得遥不可及了。

我就算可以隔着屏幕亲吻拥抱你，或者发一个拥抱亲亲的表情，说完“88”之后，却往往是加倍的惆怅。

远方的恋人也许在远距离沟通中唤起了心灵上的情感体验，然而，因为身体上的体验需求没有得到满足，彼此的情感得不到彻底的表达。

有的时候，会发现伴侣莫名其妙地为小事发脾气，或者是打完电话反而更生气了。

▸“你不在我身边，我需要独自承担这一切”——支持不足

“穿着高跟鞋跑了一天的会务，累瘫了。”女朋友倾诉。

“那你就休息吧。”男朋友说。

“休息休息，你就知道休息。”她突然就生气了。

“怎么了，不是说好不随便生气的吗？”

“你能帮上我什么？我活得跟单身没有什么区别！”

电话那头的男人沉默了。女朋友说得对，隔着这么远，他的确帮不上什么忙。

其实，对方生气的点，往往就在于，“亲爱的你怎么不在我身边，让我独自一人承担这一切”。

因为不在身边，不够了解对方的处境，我们的话语显得特别苍白，甚至，越是积极地出谋划策，对方越是容易生气。

▸异地恋的 Ta，不是戏精就是侦探——缺乏安全感

异地恋在情感上安全感不足是普遍现象：

“他为什么要跟那个女人合影？”

“她的朋友圈为什么经常有那个人点赞？”

循着这些蛛丝马迹，我们在脑子里一遍一遍上演各种劈腿分手戏。

有人说："异地恋脆弱到一条暧昧短信，一张照片，或者你撒谎说跟谁在一起被她发现其实不是，就能透支掉之前累积起来的所有信任。"

然而，就算有上万种理由支持我们不开展异地恋，可是，我们爱的 Ta 就是在远方啊。

如何在异地维持感情的浓度？骨灰级实用指南

怎么办？怎么才能在异地恋中好好地维持感情的浓度呢？

研究了众多异地恋成功者的案例，我可以和大家分享的经验是：

▸ 适度沟通，做细节的分享者和倾听者

不少情侣认为，他们需要通过多做交流来弥补空间距离。

但事实证明，与沟通过少一样，黏人过度同样对感情发展不利。

是否每天需要联络，联络次数，是依据双方的需求而定的，没有一个标准频率。

实际上，为了避免由于距离造成二人的陌生感，我们不仅需要与对方保持适度的沟通，并且需要充分地去表达感受，分享和倾听细节。

如果对方感冒了，一句"多喝热水"，就比不上一句温柔的提醒："上次给你买的红糖就放在架子第二层的最里面，记得喝。"

有一对情侣，当他们面临感情平淡期的时候，他们定下了这样

一个约定。

男孩每周给女孩拍两张好看的照片，女孩每天给男孩推荐两首歌。

为了履行这个约定，双方都费尽心思。男孩没事就拿着相机往外跑，为了能和女孩分享不一样的风景。

女孩每天听很多的歌，还做了张 excel，记录值得给男孩推荐的歌，两年下来，都是满满的回忆。

▸ 选择 Ta 喜欢的方式去表达情感

每个人在情感关系中喜欢和享受爱的表达方式是不同的。

理解了这点，有利于帮助我们以对方喜欢的方式表达爱。

双十一的时候，先生支持在远方的太太买买买，工资卡也早就交给了老婆，最后却发现太太不知道为什么生气了。

他有点委屈，后来经过沟通才发现，老婆自己一个人带孩子很辛苦。这样的节日，老公既没有好听的话，又不主动买礼物，仅仅让她自己买买买而已，老婆觉得很不浪漫，所以心情郁闷。

在异地恋的感情中，因为通常无法通过“服务的行动”和“身体的接触”去表达爱，“肯定的言辞”以及“礼物表达”“高品质的时间”就特别的重要。①

甚至从某种意义上来说，异地恋更适合那种对语言表达（书面或口头）较为敏感的人群。

不能来到你身边，那么，送上一份礼品，专心地聊个天同样是

① 参见《爱的五种语言》。

加分项。

▸ 丰富自己的生活，学会独处

仔细观察身边那些能够把异地恋经营到进入婚姻模式的夫妻，大部分自己本身就能够把日子过得风生水起，多数时候不会觉得太孤单寂寞。

我有个大学同学跟男朋友是校园恋情。

毕业后女孩留在国内，男孩去了美国读博士。

她性格外向，热爱社交，而男朋友个性比较沉闷，每天待在实验室做科研，生活相对单一。

在异地恋的 5 年里，她结识了一个又一个有趣的朋友，一起旅行，读书，日子过得非常丰富。

不仅如此，她还一点一点地分享给男朋友。

后来二人在美国团聚结婚，她仍然没有停下脚步。

在大宝不到两岁，还怀着二宝的时候，她还去读了研究生。

像她这种独自一人也能过得很好的人，多数情况是没有空觉得孤独寂寞顾影自怜的。

▸ 把 Ta 放在嘴上，秀恩爱，不丢人

也许你在恋情中是个低调的人，不愿意高调分享恋情。

然而对于异地恋来说，这却是非常重要的一点。

在美国，有一对情侣经历了世界上最遥远的异地恋，跨越星球的恋爱。

男主叫 Scott Kelly，是一个 51 岁的大叔，也是 NASA 宇航员，更是一个大有名气的“网红”，在 Twitter 上有着百万 + 粉丝。

令单身狗们瑟瑟发抖的是，就算在太空上，Scott 每次发状态的时候，都不忘 @ 一下他那远在地球上的女朋友，一把狗粮撒向了全宇宙。

而他的女朋友 Amiko 更是，无论是做个好吃的还是练瑜伽，连发张自拍，都会 @ 一下远在太空的男朋友。她甚至在家里放了一个男朋友的人形纸板。

两人之恩爱真是羡煞旁人。

当然，秀恩爱的方式很多，你完全可以选择自己喜欢的方式。

最重要的，是要让对方感觉到你在乎 Ta，在你的未来计划和生活安排里，Ta 都是不可或缺的部分。

最后，其实还有很多异地恋守则，比如吵架不过夜，不提前任，不随便说分手，能聚就聚，等等，但最根本的，还是心与心的真诚相拥。

别忘记了，这个世界上还是有很多恋人，他们坐着同一辆车，睡在同一张床上，心却依然谈着一场远距离的恋爱。

阅+

如何有效地维持异地恋？

- 适度沟通，做细节的分享者和倾听者。
- 选择 Ta 喜欢的方式去表达情感。
- 丰富自己的生活，学会独处。
- 把 Ta 放在嘴上，秀恩爱，不丢人。

我们可以好好说分手吗？

总有一个人，陪你走过一段路。

你和这个人曾经同呼吸，也幻想过以后共进退；你们有过各种约定，约定去茶卡盐湖看银河，去北欧过冬天……

可是，因为各种原因，你们终究要分离，剩下的只有一段无法重来的时光，无论它是好的还是坏的，这是你人生中的一段时光，这个人陪你走过了人生的这一站。

前阵子引起巨大反响的“江歌事件”，舆论焦点都集中在痛斥刘鑫回避责任、伤害了江歌的妈妈，或许我们也需要从另一个角度反思一个问题：为什么陈世峰和刘鑫分手后要刀刃相见？一段走向终点的关系为什么要用鲜血画上句号？为什么曾经相爱过，却不能体面地挥手作别？

在生活中，因为爱而不得引发的惨案并不少见，因为，总有人得不到就要毁掉。

2016 年，四川某男子因想复合遭前女友拒绝，泼硫酸报复，致前女友严重毁容；

2016 年 9 月，重庆市某大学生交往了一名刚果留学生，分手后男子求复合被拒，残忍地杀害了前女友；

2017 年 8 月，杭州某“富二代”因为追求心仪对象多年不得，把女孩子从 19 楼推下……

有人说：现在的人，不仅恐婚，而且“恐恋”，毕竟想要过上美好的生活，前提是我们得要有命在。

虽然不是每个人在恋爱中都会碰见有严重心理问题的人，但是，每个人都需要学习拒绝或者结束一段关系的时候，如何妥当地说“不”。

哪些分手方式最伤人？

爱情的开始总是让人沉醉而甜蜜，而结束却往往显得不那么美好。

当你下定决心，不得不说“不”的时候，怎么说才能既表达了立场又不刺激到对方？尤其是，在心理问题日趋普遍的情况下，我们如何尽最大努力去降低分手中的伤害？

我研究了相当数量的分手案例，发现常见的最伤人的分手表达方式有以下几种：

▸“我从来没有爱过你。”

离开所造成的伤痛已经是无法接受而不得不接受的了，提出分手的一方说出这句话，无疑是一笔抹掉了双方的过去。

即便是分手一方对于这段关系不那么认可，也不应该去贬低对方的真心和双方曾经相濡以沫的岁月。一个成熟的人，敢于接受感情的变化，却不会为了离开一段感情去否定最初的真心。

有时候，不过是新鲜的情感让人忘记了“初见”时的美好而已。

在情感关系中背离的那一方如果内在很弱小，就会表现得气焰特别足，甚至抛出各种荒诞的语言或者行为。其实，Ta 不过是通过各种高级别的伤害性语言掩盖内心的不安和压力，合理化自己离开的行为。

▸“你一无是处！为什么我还要跟你在一起？”

一个人要离开你的时候，或许你会听到：

“你什么都干不好！我跟你在一起图什么？”

“你看看你有哪里好？值得我留下？”

不少人在分手的时候，会拼命数落对方的长相、家庭、学历、性格，甚至把对方贬损得一无是处。

这些行为会对人的自信心造成强烈的打击，被分手的人往往容易在内心认同身边人的判断，很长时间里找不到自信，甚至产生较为强烈的自我攻击，一部分人还会患上抑郁症。这也有可能刺激到对方，激发 Ta 做出一些无法挽回的行为。

▸“对不起，您拨打的电话已关机。”

“我怎么会被人如此轻视，这个人居然还是我曾经掏心掏肺的人！”

一名女性来访者这样说，男友只是简简单单地单方面宣布分手，就拒绝再见面沟通，她怎么都找不到他。手机换号码，微信拉黑，连工作都调到了外地。

其实那个消失的人，只不过喜欢逃避，不敢拿出勇气解决问题。

然而这种方式，让承受方情绪无法输出，往往会让人崩溃。或许真的如有些人所说，消失是打击对方最残酷的方式。

另外，比如说分手的时候因为怕对方难过，说话模棱两可，让对方心存希望，纠缠不清；或者自己想分手，却消极处理关系，等待对方先开口等，也都是较为常见的伤人的分手方式。

如何说分手才对得起过去和未来？

▸ 有适合彼此的告别仪式

电影《非诚勿扰 2》中，开场举办的离婚典礼为分手的恋人们提供了一个新思路：我们是否需要隆重地告别一段关系？

人们通常愿意在获得喜悦的时候通过仪式感来记住一些东西，但面对丧失的伤痛（除去死亡），我们似乎不想要仪式感。

不能忽视的是，分手时的仪式感恰恰是为了让彼此跟过去告别，也能减轻一定的痛苦。当然，告别仪式并不是说真的去办一个party，选择适合自己的就好。

有的情侣会选择一起吃一顿告别晚餐，也有人会换个发型、独自去旅行、找朋友喝酒等，只要是能让自己内心舒服一些的，都可以去做。重要的是，双方需要通过合适的方式：

▷ 澄清分手事实（假分手除外）。

▷ 充分表达自己的情绪，也给对方表达情绪的机会。

▷ 跟过去挥手告别。

▸ 肯定过去的感情

林志玲和言承旭最近兜兜转转又重新联系上了，不管两人是否已经情定终身，但至少已经有了好的开始。

回头看看他们，在分手期间，无论在什么场合谈起彼此，都给予对方很高的评价。

正是他们对过去感情的肯定，表明了对方是自己值得珍惜的人，从而为双方复合打下基础。

如果真的有个曾经你喜欢，最后却没能在一起的人，离别时，请怀着感恩之心，即便是分别时已经毫无感觉，也请感谢他陪伴你走过的那些岁月。

▸ 给予对方充分的尊重

现在在你的眼中，也许他的单纯变成了蠢笨，他的事业心强变成了自私，但是，既然相拥过，他身上一定有你曾经深深迷恋的美好之处。

有的时候，不是对方变了，是我们对对方的要求变了。

无论你是否还爱对方，离别时请给予对方最大程度的尊重。不贬低对方，不用刺激性语言去打击对方，给对方留足自尊。

如果遭遇分手暴力，请果断借助支持力量

很多年前的一部《不要和陌生人说话》，安嘉和这个角色让大家对家庭暴力有了颠覆性的认识，很多女性都害怕自己会碰上这样一个“斯文败类”。

千万别认为自己找的伴侣是个受过良好教育的人就不会使用暴力。事实上，心理的健康程度跟生活境遇和自身条件有关，但并不意味着拥有较好社会地位的人就跟暴力无缘。

如果在你已经妥善且周到地对这段关系做了一个了结之后，对方仍然非常偏执，一意孤行，纠缠甚至是跟踪、殴打，请果断寻求亲人朋友或者警方的支持。

如果不得不与对方见面，也请在有人陪同的情况下前往公共场合，切莫单独行动，因为你不知道，曾经爱过的人，现在会怎么对待你。

虽然我们没有必要觉得每位伴侣在分手时都会走极端，但是，防止分手暴力的意识是要有的。

写到这里突然有一些悲伤。

若是这世界相爱了就能白头，一切该是多么简单而纯粹。只是，也许有些离别，是为了彼此能拥有更好的人生。

正如歌里面所唱：

当缘分已到尽头 也许分开爱才能得救
既然这辈子无法牵手 何不转身放爱自由
最后一次握握手 让我们笑着说分手……

阅+

我们该如何好好分手？

- 有告别仪式。
- 肯定过去的情感，澄清分手事实。
- 选择合适的表达方式，尊重对方。
- 如果遭遇或有可能遭遇分手暴力，请寻求支持。

当我说爱你的时候，是发自内心的表达，当我说不再爱你的时候，也是发自内心的表达，请不要问我为什么，我每一刻都无比真诚。

Chapter 4

在爱中涅槃，

寻求更深的链接

会吵架的夫妻，更恩爱

新年伊始，有两位来访者共同咨询了一个主题：婚姻已经走到离婚的边缘，不知道该如何是好。

来访者一：妻子活泼开朗，追求的人多。

可令人大跌眼镜的是，她嫁的是一个沉默寡言平凡无奇的先生。

她说，那时她被总是散发着淡淡忧郁气质的先生所吸引，圣母情怀充分被激发。而从她先生的角度，阴郁的人本身就渴望阳光。于是，他们很快就恋爱结婚了。

没有孩子的时候，两人感情尚好。

有了孩子之后，妻子把更多精力转向了孩子，也不再有精力像之前一样关注先生的喜怒哀乐，先生感觉到被冷落。

重要的是，妻子发现自己无论兴高采烈地给先生说什么，他的回应都很冷淡甚至不回应。两人连吵架都几乎没有机会。

久而久之，家里气氛跌到冰点，妻子选择了孩子和朋友分享情绪。

丈夫在这个过程中，不断与人玩暧昧，最终出轨，提出离婚。

来访者二：妻子也是开朗活泼的性格，但是脾气火暴。

二人刚相爱的时候，感情十分浓烈，简直荡气回肠。

到了结婚前，开始总是因为琐事吵架，分分合合无数回，差点放弃。

但最终二人舍不得多年的感情，还是选择了走入婚姻。

只是，婚后这种三天一小吵、七天一大吵的沟通方式并没有得到改善，两人不断吵架，不断说着伤害彼此的话。双方感觉都很疲倦，想突破又找不到方向，相处模式似乎走入一个困境。

先生在一次旅游中，发现了更为 easy 的相处对象，向妻子提出离婚。

妻子感到很诧异，觉得二人双方感情并不差，先生为什么要提离婚。

“你说你爱我，到底是在你肆无忌惮的火暴脾气里，还是在你的各种忸怩作态里？”

听罢两位来访者的婚姻故事，一句话涌上我心头：

冰火两重天，我们都经营不好婚姻。

婚姻里，需要适宜的温度。冷了，Ta 会被冻死；热了，Ta 会被大火烧干。

两位来访者虽然婚姻的境况非常不同，但实际上通过深入的沟通发现，双方的困境，都与一个共同的原因分不开：夫妻双方缺乏良性的沟通模式，特别是不会吵架。

和枕边人的沟通模式，往往成为我们是否能在婚姻中保持适宜温度的关键。

不敢吵架＝回避冲突

第一位来访者的先生，从小生活在一个父母经常吵架的家庭氛围当中。

年幼的他总是听着母亲的抱怨和父亲的冷言冷语。他从小就感觉痛苦不堪，觉得婚姻生活十分可怕，甚至有过不结婚的念头。

在他的意识中，吵架等于感情不好，吵架等于坏事，吵架等于重复父母的婚姻。

因此，在所有出现冲突的境况当中，他选择了回避沟通，回避表达情绪，有时候甚至是妻子采取了不回应的行为。

而大大咧咧的妻子，对于先生的不满浑然不觉，还觉得生活过得不错。先生提出离婚的时候，妻子非常震惊。

然而妻子也很委屈，她是一个内心很清高的人，虽然对先生的不回应诸多不满，但是不屑于吵架，觉得那是不文明人干的事情，虽然有时候会抱怨几句，但是绝不主动挑起战争。

他们之间，爱的能量从流动到停滞。

夫妻之间不是不能吵架，吵架吵得好，是能够增进夫妻感情的。

我们更要警惕的是：为了回避冲突而选择不吵架，但是又没有建立良性的沟通机制，只是像鸵鸟一样把头埋进沙堆里，就当问题不存在。

事实上，男性擅长这一点。

吵架，我们还有机会了解对方的心意，哪怕这种心意以不好听不好看的形式展现。

不吵架，我们连对方想什么都往往无从知道。

与吵架相比，我们更怕的是死寂。

那会让人绝望。

清晰地表达自己的情绪和需求

中国文化里，一直比较鼓励说话婉转含蓄。

我们不仅主张婉转表达，甚至不允许表达。

当我们还是个孩子的时候，常常在表达自己的需求和观点时被斥责："大人说话，小孩不要插嘴。"

长大了，别看受过良好的教育，我们其实并不懂得怎么跟亲密的人说话，也低估了语言的杀伤力。

在有情绪或者情绪失控的时候，这种情况会恶化。

妻子正在洗碗，和先生说了句话，他没有反应。

妻子走进客厅，看着正在沙发上打游戏的先生，说："你是头牛吗？我跟你说话都没反应？"

先生说："我没听到啊。"

"没听到？我看你是故意的，一点都不关心这个家。"

先生会感到困惑，为什么我玩一会儿游戏没听到她说话就变成了不关心这个家？

"我怎么不关心了，烦死了，老是这么说。"

妻子一听来气了："烦死了？我不烦吗？你上班我也上班，这么多事情你都看不见，还烦死了，我也烦死了，我看你去找个不烦的！”

“你有完没完啊？”先生也非常生气，受不了妻子的抱怨……

实际上，妻子想要表达的，就是：“你来帮帮我，我们一起做事好吗？”

如果直接清晰地表达给先生，而先生此时不能前往，明确地跟妻子说，这场战争就能避免。

婚姻不比恋爱，没有人会 24 小时研究你的需求是什么，清晰、明白地表达而不是带着情绪性抱怨，就显得格外的重要。

很多人觉得女人爱抱怨的毛病很烦人，这点当然需要有则改之，但我认为相比之下，其实男人的沉默对于两人的关系是更大的伤害，男人对自身情绪和需求的表达，同样非常重要。

夫妻之间，在建设性的目的下，没有什么事情是真的不能沟通的。

约定成熟的善后机制

母亲有个朋友，是个 70 多岁的老太太，有一天，突然跑到我们家来玩，并且说要住在我们家一晚上。

仔细问下来，原来老太太跟老伴吵架了。

老太太像个小孩子似的，非常生气，先是对母亲进行了情绪上的倾诉，倾诉完毕，觉得自己好像也没有那么生气了。

这个时候，老头的电话来了，一打就打了一个多小时。打完电话，老太太看起来没有那么生气了。

第二天早上，老太太突然兴冲冲地喊母亲来看她的手机，原来，老头子为了赔礼道歉，给老太太写了一首诗，大意上是你走后，我度日如年，亲爱的，请你回家之类。

一时间，浪漫注满了老太太的心，她幸福得像一个恋爱中的姑娘。

母亲送老太太回家的时候，外面下着雨，她看见老头细心地接过老太太的雨伞，又帮她把身上的雨滴擦干，那个情景十分让人动容。

后来才知道，原来老两口感情一直不错，虽然时不时因为老太太犯小性子吵个架，但是他们年轻的时候就约法三章，吵架之后，如果谁先主动沟通，另外一方不得置之不理，不许拒绝。

就这么一条简单的原则，让他们恩爱了一辈子。越吵，感情越好。

吵架之后，如何弥补伤痕，也是需要夫妻双方共同去约定的，比方说：

▷ 不把生气的时候说的话当真。

▷ 生气不许过夜。

▷ 每天抱抱对方，吵架也不例外。

▷ 不开心时，一起去吃个好吃的……

方式方法很多，并不是只有“对不起”可以说给对方。

记得《一帘幽梦》里的俩主角，约定吵架之后，用“凯旋门”代替“对不起”，这样，道歉就显得没有那么难以启齿。

仔细想想，婚姻就像一面照妖镜，你拥有无数次机会去审阅和了解你自身，那些你以前不了解的阳光面与阴暗面，其实一直在你的体内。

如果不是遇到婚姻，你可能并不知道温柔与暴躁并存于你。工作上的勤奋与家务上的懒惰都属于你。

我们需要感谢婚姻，正是在与 Ta 日日夜夜的相爱、相伴、争吵、厮杀中，我们热热闹闹地过了一生，在生儿育女，携手并进时，还遇见了自己。

只是要记住，维持一个适宜的温度就好，别把日子过成冰火两重天。

阅+

婚内沟通三原则

- 不因害怕吵架而回避冲突。
- 清晰地建设性地表达自己的需求。
- 约定成熟的冲突善后机制。

我们都没变，只是链接需要更新了

爱情，也许只有在最繁华的时候决然而去才可以永恒，

而柴米油盐的琐碎生活是爱情的最大杀手。

——《七年之痒》

三年之痛，七年之痒，世间男女，都有可能会遇上。

或许你也曾在心底发问：“爱情真的有永远，还是说本来就有个保鲜期？”

如果让你闭上眼，让你感受一下自己现在的婚姻生活的画面，会是什么样子的？

我问过一些朋友，很多人描述的画面，都没有另一半的影子，也没人提到“爱”，出现频率最高的是“家务”“孩子”“手机”。

我们早已被工作的压力、繁重的家务，压榨得像条鱼干。柴米油盐的生活埋葬了我们心底的浪漫，也磨掉了我们的锐气。

曾经知性温柔的“她”变成了一个大嗓门催孩子起床做作业的妈妈。

曾经体贴耐心的“他”变成了一个肚子有点大、大多数时候不

耐烦的爸爸。

最重要的，我们之间，已经不像以前那样那么亲密了。

以前的无话不谈，现在只剩下短短的“吃了吗？”“什么时候回来？”“娃呢？”

甚至，一觉醒来，觉得身边这个人甚是可恶，恨不得一脚蹬下去。

为什么原本相爱的男女，会日久生厌？

经典泰国电影《永恒》里的老爷曾经说过：“分开一对恋人，最好的办法就是让他们在一起。”

片中的老爷帕博遇到了一位叫作玉珀蒂的曼谷女子，并深深地被她的美艳所吸引，帕博把玉珀蒂接回他在森林中的家里。

在封闭林场的家里，玉珀蒂生活烦闷。此时她遇到帕博的侄子商蒙。

相处中两位年轻人暗生情愫，而后两人无法抑制住自己的情感，终于越过防线，有了肌肤之亲。两人承诺要永远相爱，直至天崩地裂。

不久之后，两人的不正当关系被帕博发现。被妻子与侄子背叛的帕博大发雷霆，却无法阻断玉珀蒂与商蒙之间的感情。

濒临崩溃边缘的帕博答应让两人在一起，却命人用重铁打造一副铁链，下令将玉珀蒂与商蒙用此铁链锁起，永生永世不得分离。

一开始，两人尽情地享受男欢女爱，默默相伴。只是，很快，他们对这一切感到厌烦，希望获得自由。

然而，老爷不给他们机会，继续让他们在一起，但是给了他们一把枪。最后，已经怀孕的玉珀蒂选择了自杀，而醒来的商蒙面对一具尸体，终于崩溃。

有人说，这部电影里的枷锁，象征着生活中的婚姻。

一旦我们形影不离地被捆绑在一起，失去了自由，爱情便被送进了坟墓。

相爱的时候，特别是没有捅破那层窗户纸之前，我们之间仿佛有一种不可抗拒的吸引力。

两个独立而孤独的个体之间的界限仿佛在消融，我们迷失在对方的一颦一笑里，我们看到了对方最闪光的部分。我们恨不得把所有的时间都耗在一起。

然而再相爱的人，激情也会渐渐褪去。

结了婚，当我们属于彼此，我们在内心把对方当作自己的一部分，在这种安全的心理预设之下，激情开始消失。

甚至，我们面对熟悉的身体，提不起兴趣，陷入了无性婚姻的境地。

心理学上的统计是 3 年，然而对于很多人来说，或许这种激情的维系，不到 3 个月。

不是伴侣变了，而是 Ta 原本就是这个样子

经常听到妻子说："我怎么瞎了眼，找了他了？他当初的体贴到底去了哪里？"

丈夫说："我真的没有想到，她居然是个母老虎，亏我还以为她很温柔！"

爱你的时候，什么都是可爱，不爱的时候，呼吸都是错。这个时候，很多人开始失望、痛苦，甚至，开始觉得其他人才是自己的

最佳选择。

事实上，或许不是伴侣变了，而是，Ta 原本就是这个样子，只是，你眼中的 Ta，变了。

刚爱上对方的时候，其实我们爱上的是“理想伴侣”。

我们按照我们心目中的伴侣形象，去做出选择，并且爱上了。

自以为他就是自己在热恋中看到的那个样子，其他的部分，我们暂时无力去分辨，也选择性忽略。

随着交往的深入，随着理性的回归，我们慢慢发现，“现实伴侣”根本不是原来想象的那个样子。

我们与爱人之间的差别不断浮现。我们惊讶而痛苦地意识到，原来爱人与自己之间是存在差别的，并不是真正地融为一体，被突破的自我界限重新合拢。

很多爱情也在幻想退去以后而落败。

为什么我们的沟通总是没效果？

媒体曾经采访过一些幸福的夫妻，问他们婚姻维系长久的秘诀。

其中一位太太回答得朴素而直白：“你们买个灯泡坏了就扔了换一个，而我们想的是如何修好它。”

其实几乎每个婚姻，都有大大小小的问题。

但是面对婚姻中出现的问题，双方采取的态度和方法，往往决定了婚姻是走向解体还是链接更深。

遗憾的是，居高不下的离婚率，几乎在传递着一个信息：我们找不到修复的方法，离婚才是最好的选择。

而很多走向分离的夫妻，一个重要的问题就是沟通不畅。

面对日渐熟悉的伴侣，我们不愿意分享真实的情绪，为了避免矛盾，我们甚至能不说就不说。

面对妻子的抱怨，丈夫不主动表达自己不开心，而是直接采取不回应的方式寻求清静。

这种看似忍耐，其实是回避沟通的态度，是对感情的冷漠和放弃。

婚姻该如何保鲜？

爱情如烟花般绚烂又转瞬即逝，婚姻让人安宁却又让人感觉琐碎和沉闷。

几十年恋同一个人，睡同一张床，或许很多人想想都觉得有些难以维系。

如果世间有办法让我们在不更换伴侣的情况下又能够日久弥新，体验新鲜的情感，能充分享受安全感，或许每个人都想知道答案。

仔细研究一些案例之后，我总结出的共同经验大体包括：

▸ 重新审视这段关系，真正地尊重彼此

在婚姻中，我们渴望融合，但也常常模糊了边界。我们很容易

认为对方是属于自己的。

渐渐地，感觉让对方做什么事都是理所当然的。

现在，我们需要重新记起来，对方是一个完整的独立个体，别再把对方视为自己的私人财产。

明白婚姻的长久不是必然的，真正地对对方的思想和行为予以尊重，家庭内部会减少很多不必要的矛盾。

另外一个好处是，因为有边界，你会重新审视你们之间的关系，重新发现对方的一些优点。

▶不断更新自己，成为“新”人

爱情中，最迷人的部分恰恰是对方的不可捉摸，神秘而具有吸引力。

相恋或者结婚后的两个人，容易因为太过熟悉而丧失了吸引力。

能够在感情中加入新鲜度的一个很好的秘诀是，你自己成为一个不断推陈出新的人。

面对不了解的部分，去学习去探索，面对自己内心深处的需求，勇敢地去追寻。

人是在学习之中不断发现自我和发现对方的。

而更重要的，是我们自己的生命得到丰富和提升，这是更有价值的部分。

▶拥有各自的空间，参与彼此的生活

恋人之间，除了家务和孩子，其实还需要新的链接。

找一些共同感兴趣的东西，一起参与，一起分享感受或者情绪，在这一过程中，彼此的感情也能得到加深。

哪怕家务和孩子再缠人，也要每周或者每月留出固定的能让两人高质量独处的时间。

这一点看起来简单，却对二人亲密度的提升非常重要。

很多夫妻关系的疏离，其实不是有多大的原则性矛盾，只是在琐碎的生活中一点一滴地走远了。

▸ 彼此分享内心最真实的状态

如果你把你的不满诚实地向爱人表达出来，沟通过程可能会非常艰难，但是负面的情绪有了疏通的渠道，彼此之间也增进了了解。

许多夫妻会说："我沟通过，可是没有用。"

我问："你有没有设定过双方沟通的前提是建设性的，而不是发泄和抱怨？有没有先肯定对方的感受，然后再表达自己的观点和情绪呢？"

沟通的技巧我们可以慢慢学，而坦诚，却是我们沟通的一个最重要的基础。

把你的情绪、感受陈述出来，真实地告诉对方，也诚恳地邀请对方表达内心的真实感受。

如果夫妻双方能够经常坦诚地交流，感情是不会差的。

一段幸运的关系是怎样的？

所谓幸运的关系，就是我们有幸相逢，在爱中看到彼此，携手一起面对生活中琐碎的一切。

无须刻意保鲜，而是在主动积极的磨合中渐渐地成为最了解最懂对方的那个人。

我们把爱情、亲情、友情、责任紧紧地糅合在一起。

这种情愫，有山盟海誓的“爱情”，有肝胆相照的“义”，有不可分离的“亲情”，也有患难与共的“友情”。

在这种情愫的支撑下，我们的感情，会日久弥新。到老了的时候，我们或许会发现，一辈子并不太长，根本不够爱一个人。

阅+

如何让婚姻保鲜？

- 成为一个不断推陈出新的人，保有旺盛的生命力。
- 时时牢记“婚姻并不意味着白头”，保持一定的警惕心。
- 在婚姻里成全彼此，让彼此更好地遇见自己。

再婚，我能幸福吗？

“老师，我到底要不要离婚？面对这样的婚姻，您说我该怎么办？”

这个问题，几乎是咨询婚姻情感问题的通用句式。

娟子也不例外。不过，她的婚姻，是再婚。

很多前来咨询的再婚女性都有一个共同的特点：把第一段婚姻结束归结于太年轻，恋爱经历少，所以不知道怎么和对方相处。然而当她们换一个伴侣重新进入婚姻，又会发现很多新的问题，婚姻的小船又要翻了。

比如娟子，第一段婚姻投入很大，付出很多，最后由于婆媳关系和异地生活的原因，匆匆结束了婚姻。当她进入第二段婚姻并且孕育孩子之后，她发现自己在婚姻关系中依然体会不到爱与被爱。

如果离婚，孩子会缺失父亲的陪伴，自己独自抚养孩子压力太大；不离，这种冷冰冰的家庭生活根本不是自己想要的，她不知道出路在何方。

娟子的困惑，对于再婚人士来说，是具有普遍性的。很多人，虽然经历了一段失败的婚姻，会积累很多血泪教训，人也会较之以前更为成熟一些，但这并不意味着，有婚姻经历的人就更懂得如何经营婚姻。

在进入第二段婚姻之前，需要处理好哪些关系，如何借助婚姻实现自身的成长？以下几个方面的问题需要我们探索。

第一段婚姻带给我的功课是什么？

有人说，离过婚的人很容易从一个火坑跳入另一个火坑。虽然夸张了一些，但确实描述了很多人再婚却仍然不幸福的状态。

第一段婚姻中，不少人发现婚姻生活跟自己的期望相差很远，感觉对方不是那个自己要找的人——

天啊！婚姻生活为什么会是这个样子？王子和公主的故事都是骗人的！

为什么他跟恋爱的时候差了那么远？

为什么有了孩子，她就可以完全忽视我？

为什么每次说到他妈，他都如此敏感？

为什么她看我什么都不顺眼，我做什么都是错？

“一定是我找错了人！”“当初我肯定是不爱他的！”于是，出轨的出轨，吵架的吵架，我们终于一起把第一段婚姻成功地送进了历史。

只是，有多少离婚的人能真正意识到，在相爱相杀中，我们才有机会真正地看到自己是什么样子，对方是什么样子。**那些在普通的人际关系中不会暴露，甚至连你自己都无法了解的一面，都会在持久的亲密关系中浮出水面。**

如果你们曾经因为不知道珍惜而错失彼此，那么珍惜就是你接下来要学会的东西；

如果你不知道怎么与亲密爱人沟通，那么学习爱的语言就是你要完成的功课；

如果你在婚姻中有太多的抱怨，那么接下来你就得学习如何明确地表达想法而不是抱怨；

如果你只知道忍气吞声而不爱自己，那么毫无疑问你需要学习先把自己弄舒服了而不是去迎合他人。

值得所有人深思的问题是：

为什么亲密关系让我们如此迷恋而又可以让我们伤痕累累？

我在亲密关系中到底在寻找什么？

我在寻找的这个东西到底只能别人给，还是我本来就有的？

只有深刻地了解了这些问题，我们才有机会避免在下一段婚姻中面临同样的困惑。

我是否处理好了自己的情绪？

一个女性朋友曾经告诉我，她觉得离婚的时候，伤害她的并不是离婚本身，而是对方在离婚过程当中对她毫无顾忌地践踏性评价，让她的情绪跌入万丈深渊。

那个阶段，她觉得自己很差劲，她是不值得被爱的。这种情绪一直反反复复地折磨了她好几年。原本性格平和的她，变得暴躁易怒，容易情绪激动。而孩子，无法避免地成为受害者。

我是否具备经营第二段婚姻的能力和智慧？

如果说第一段婚姻大多数人是轻装上阵进入的，第二段婚姻不少人则是戴着脚链进入的。

第二段婚姻，双方需要共同面对的情况比第一段婚姻要复杂得多，往往牵涉到孩子、财产、前任等方方面面。

仅仅是现任跟孩子的关系一项，就足以让很多人伤透脑筋。既担心孩子受苦，又担心现任被忽略。

与第一段婚姻从二人世界到三人世界相比，第二段婚姻需要的可能一开始就是从三人世界开始，甚至是四人五人世界。

二人世界，相对简单轻松，而介入了孩子和背后的父母等，这种感情关系负担确实偏重。

当然，这并不是说再婚就无法幸福，而是，的确需要双方有更大的勇气和智慧。

是否选择再婚，你可以对你们两人双方的能力和智慧都做一个评估。

或者，主动地去学习一些亲密关系的经营智慧和能力。

如果在这个过程中，你发现自己依然感觉并不幸福，那么还是不要匆忙进入第二段婚姻，如果你发现彼此都很有诚意，并且逐渐水乳交融，那么进入婚姻是一个不错的选择。

我与眼前这个人，是否基于爱的结合？

“知乎”上曾经有一位男性提出：他找不到对象，家人建议他考虑二婚的女性。

有人回答：二婚的女性经历了第一段婚姻，大多知道自己要什么，其实是更难选择你这样的人的。如果仅仅出于维持家庭的完整性选择了你，又往往不是出于感情，婚后你们更难经营好婚姻。二婚面临更为复杂的家庭情况，你还是放弃这种想法吧。

这其实也从侧面说明了，二婚的最好选择，就是基于爱。如果两人没有足够的情感链接，而仅仅是生活上的需要，那么，等激情期过去，各种隐藏的矛盾暴露，双方是没有牢固的基础维持长久的婚姻关系的。

一句话：**再婚，还是奔着真爱走吧。**

婚姻并不是女人也不是男人的第二次投胎，但确实是一次磨炼和提升自我的机会。

无论你是否走到过离婚的境地，如果你善于拆开外包装来欣赏命运赠予你的礼物，那么你极有可能发现你内在的完满、你的幸福从来都不是别人给的，而是你自己。

如果你通过第一段婚姻明白了这一点，那么，是否再婚其实并不是问题。

阅+

如何评估你是否适合再婚？

- 你们的结合，是有情感基础，而非仅仅出于维持家庭完整、经济、面子等各种其他需要。
- 你们双方对婚姻有客观的认识，有勇气携手面对未来可能出现的各种困难，而不是习惯性逃避和放弃。
- 对前一段关系，已经有清晰的认识，也积累了宝贵的经验。
- 意识到幸福需要靠自己创造。

离婚是唯一的出路吗？

“老师，不得了了，你一定要帮帮我朋友。”群里一个朋友 A 留言给我，还把他和朋友的聊天记录整理了发给我。

了解下来，原来他的朋友铁了心要离婚，原因是老婆脾气太差，这么多年两人因为孩子的问题经常吵架，他忍让了老婆很多年，现在孩子大了，他终于下定了决心。

“相濡以沫，不如相忘于江湖。”

“我一定要离婚，让我为自己活一次！”

在 A 的眼中，其实朋友夫妻两人都很好，而且到了这个年纪再离婚太可惜了。他一心想要劝阻朋友，但朋友铁了心，只等跟老婆摊牌。

在聊天记录中，A 的朋友数次提到一句话——“活得很压抑，想做自己”。

他认为，婚姻是困住他做自己的枷锁，所以他一定要冲出去，打破这个牢笼。

因为没有更多的信息，我只是告诉 A，他的朋友忍气吞声了很多年，这股力量是需要释放的，如果不释放出去，这股力量就容易攻击他的身体，甚至会导致较为严重的疾病。

但离婚未必是解决这个问题唯一的出路，我们还有很多可能性可以探讨。

一方无理取闹，另一方就真的无辜吗？

鉴于妻子喜欢抱怨发脾气，先生觉得压抑窝囊是常有的家庭模式。

我们一起来思考一下：

老婆脾气变得越来越坏，先生是否真的就是完全无辜的？

在进一步的沟通中，我们了解到，一开始，A 的朋友和老婆经常会吵架，可是，在吵架的过程中，偶尔会被年幼的儿子目睹，并且吓得哇哇大哭，有时候，脾气火暴的妈妈还会拿儿子出气。

这位先生是一位非常疼孩子的爸爸，他觉得让孩子受苦是一件不可接受的事情，于是，他选择了忍让，不再跟妻子争吵。

慢慢地，吵架变成了一个人的发火。

做得不好，骂！

说得不好，骂！

先生不好，骂！

儿子不好，骂！

妻子自己做错事，也先骂！

火越烧越旺，烧了一二十年之后，先生受不了了。

他在等，等一个机会解脱自己——离婚。

我们不得不承认，这位爸爸的出发点是非常好的：忍气吞声不跟妻子吵架，以减少对孩子的伤害，忍到他成年，再去追求自己的自由和解放。

但是，在他口中，妻子是个“不讲道理的人”，而他就真的无辜吗？

很难说。

“恋爱的时候，妻子是什么样子的呢？”

“那个时候还是不错的，结婚头几年也还好。”

“我对她越来越忍让，她便越来越过分了。”

也许这才是问题的关键，**我们往往一边抱怨着对方一边给对方提供变本加厉的机会。**

换句话说，我们某种程度上允许对方这么做，甚至在行为上给予鼓励。

面对暴力，原谅就是纵容

一个曾经遭受家暴的朋友。

我问她：“谈恋爱的时候他会打你吗？”

“不会呀，那个时候看着他头脑聪明，又有傲人的学业，也没发现他会打人啊！”

“那他第一次打你，你是怎么反应的？”

“我哭了，但看着他痛哭流涕悔恨的样子又原谅了。”

之后，一次一次痛哭一次又一次原谅，直到对方越来越离谱。居委会警察都介入了，还是只能管几天。

大多数承受家暴的人都有这样的经历，一次次被打，一次次原谅，然后再继续这种模式，直到迎来不得不改变的结果——比如，打出事故或者造成更为严重的后果。

前不久新闻曾经报道，一位留学英国的 24 岁中国姑娘因为被男友乔丹 · 马修斯（Jordan Matthews）暴力殴打而不幸殒命。在案发前，姑娘曾经被发现过身上有瘀青，可是她没有选择离去，而是选择了忍气吞声，直到失去生命。这样的例子实在太多，这不仅仅是缺乏法律保障可以解释的。

记得在讨论家暴的时候，一位朋友跳出来分享，一个女性，之前一直遭受暴力，有一天，她受不了了，突然拿起叉子插进男朋友的屁股，从此之后两人相安无事。

你为什么离不开一段痛苦的关系？

为什么在关系或者事件中间，不少人一边感觉到深深的痛苦，一边又给予这种痛苦持续的力量呢？

成年之后，一个人离不开一段关系，那么这段关系里一定有他

留恋的部分，不管这种部分自己是否意识到。

有时候，我们宁愿待在原地忍受痛苦的原因在于，我们恐惧失去“现在”之后的“不确定”，同时，我们的内在对于这一部分关系的体验需求还没有结束。Ta 与对方相处的模式，无论多么痛苦，都是 Ta“自愿”的选择和内在的需求。

作为一个成年人，你把自己某种程度上交给了对方，让他“欺负”你，殴打你，一方面你觉得非常痛苦，另外一方面，你在这种相处模式的形成中也成为推动者。

心理学上有一种人格障碍叫作受虐型人格障碍（masochist personality disorder)。其主要特点就是愿意保持被人剥削、虐待或使他人处于优越地位的关系，并放弃改变这种处境的机会；认为自己应该为他人牺牲自己的利益……

Ta 需要这种体验，Ta 的确感觉到痛苦，但有时候还隐藏着饮鸩止渴的快感。这份快感，并不容易被主动察觉。

拿开头提到的案例来看，那位先生认为自己为了孩子的利益牺牲掉自身追求自由的欢乐，也认为自己是一个脾气好的丈夫、爸爸。

但实际上，他的这种选择恰恰助长了妻子的坏脾气，也让儿子体验了一个“经常把自己吓哭”的妈妈。很难说他这种“牺牲”是不是真的对儿子和妻子更好。这是一种牺牲，还是说，其实在某种意义上，他也在满足自己“看我老婆脾气这么坏，我是个了不起的先生”“我是个了不起的爸爸”“我喜欢被压抑”的内在需求。

有人认为，如果他早点开诚布公地跟妻子严肃地谈谈，不至于走到要离婚的地步，也不至于觉得自己窝囊了一辈子。的确是这样。

无论他选择继续留下来，调整与妻子的相处模式或从中找到其他方法，还是选择离婚，都是可行的。

苦到深处，他自己会选择变。

我和A说，如果他朋友还是对他抱怨倾诉一通继续回去忍受妻子的坏脾气，那么就由着他吧，因为，这说明他内在的体验需求还未结束。作为朋友，你能做的并不多，关键还在于他自己。

如果你现在也陷在一种模式中一面感到痛苦一面又暂时无法突围出去，那么，不妨自我觉察一下，现在的我，还没有真正去寻求突破，是不是内在的体验需求还没有结束？

如果你通过觉察，觉得自己再不改变就快活不下去了，确定自己不想再体验这种模式，那么，就积蓄能量，付诸行动。当然，行动的意思，并不一定就是离开。

记住，你才是你命运故事的编剧和主演。

你要上演苦情戏还是喜剧，由你自己来写吧。

阅+

受虐型人格障碍有哪些主要特点?

- 愿意保持被人剥削、虐待或使他人处于优越地位的关系，并放弃改变这种处境的机会。
- 认为自己应该为他人牺牲自己的利益。
- 拒绝他人的帮助、馈赠或恩惠，避免自己成为他人的负担。
- 对于成功和礼遇感到受之有愧，过分担心无法承担和完成新的责任。
- 只考虑自己的缺点而看不到自己的长处。
- 总是别人说什么都答应，不知道怎么去拒绝，哪怕自己并不情愿。

我不是在挽救出轨的他，而是在完成自我救赎

我该不该挽回这段感情？

闺密燕子和先生从恋爱到结婚，相识了 9 年，夫妻俩在一线城市生活，因为经济条件不成熟，两口子虽然年龄已经不小，却迟迟没有要孩子，为了更好地发展事业，先生的工作调动到了外地，经过两口子不断的努力，经济条件慢慢好了起来，二人也计划尽早团聚。

突然有一天，先生回来看望她的时候，提出离婚，他出轨了。

燕子很震惊，更有强烈的挫败感，不知如何是好。

“出去找闺密吃饭聊天散心可好？”我建议。

“我的闺密只有你，我身边没有什么闺密。”她叹气。

“那你这些年都跟谁玩呢？”我问。

“就在婚姻里面打转转。”她说。

"婚姻怎么可能成为你的全部？"我问。

"这么多年，工作也没有尽心尽力去经营，只能说稳定而平常。"

燕子像很多人一样，自从恋爱结婚世界便变得狭小。

一场突如其来的感情挫败，将她狠狠地从婚姻这个安乐窝里面抓了出来。

"我该不该挽救这段感情？成功的概率有多大？"她问。

"如果明天你死了，你会后悔没有挽救这段感情吗？"我问。

"会！"她斩钉截铁地回答。

"那么就带着不怕失去的心去做吧！"

"我有什么筹码？"她信心不足地问。

"你唯一的筹码是爱。"我答。

挽救，也是一场自我救赎

三番五次沟通后，她遭受到了进一步的打击和决绝，男人不仅不愿意回来，还说了很多伤她的话。

"我真的没有想到，我在他眼中竟然是这样的人，他竟然那么恨我！"

和所有拥有这种经历的人一样，她经历了情绪上的起起落落，一会儿云淡风轻地跟我说"我没事了"，一会又跟我说"还是觉得很难熬"。

有一天，她突然对我说："我挽救的不是感情，其实我是在完成一场自我的救赎。"

瞬间，我心目中的那个聪慧过人的燕子复活了。

You get it !

在过去的婚姻生活当中，她把婚姻当作一个对抗世界竞争和压力的保护壳，躲着，逃避着本应该由她自己承担的责任和压力，以致某种程度上放弃了自我，忘却了自己曾经是多么优秀和骄傲的人。

而婚姻破裂这一重重的一击，彻底地打醒了她，让她意识到，自己在这层保护壳中，是多么的慵懒和缺乏生气。

因为缺乏安全感，她变得焦虑，跟先生不断地争吵，乱发脾气，不过是为了证明自己的存在，让对方不断地确认对她的爱。

而先生，自身发展面临很大的压力，也曾经非常沮丧，在这一过程中，两个人渐渐地将原本不错的感情消磨殆尽。

燕子领悟到这些，这个为挽回感情而努力的过程就变得非常有意义。

“你一开始就知道我去挽救会是一个这样的结局对吗？”燕子问。

“我又不是神仙，我怎么知道，但是我知道你内心需要这么一个体验过程。”我答。

现在看来，这个让人心疼又痛苦的过程，的确是非常有意义。哪怕有时候会让人感到羞辱，感到疼得无法呼吸。

痛定思痛，血淋淋的教训在于，有时候我们不把自己逼到绝境，便无法真的找到重生的勇气和机会。

我们是如何变成自己曾经讨厌的样子的?

现代女性在经济上取得了前所未有的独立，却面临着并不乐观的婚恋环境。

既要你独立挣钱，叱咤职场，又要你相夫教子，成为家庭的核心力量，甚至，还要在缺乏法律保障的情况下，去斗小三。

放眼望去，男人出轨，几乎得到大多数女性的原谅。

不是说出轨的男人就不值得原谅，而是，男人出轨，成本越来越低，甚至，没有成本。

这就是赤裸裸的现实。

而这一切，在我们做女儿的时候，并没有人告诉过我们。

太多的姑娘，将爱情看得太过重要，一旦结婚生子，容易把家庭当作自己的全部。

从内心来说，大多数女人喜欢稳定，迷恋安全舒适的家。

渴望在这个地盘里成为女主角，渐渐地，陷在一个舒适区里，失去离开和走动的能力。一部分人甚至以婚姻和孩子为借口，悄悄地躲在里面，一点一点，将自己变成曾经最讨厌的那种女人。

《红楼梦》里贾宝玉曾说:“女孩儿未出嫁，是颗无价之宝珠，出了嫁，不知怎么就变出许多的不好的毛病来，虽是颗珠子，却没有光彩宝色，是颗死珠了，再若老了，更变得不是珠子，竟是鱼眼睛了，分明是一个人，怎么变出三样来。”

曾经水灵、克制、讲究，被父母宝贝的姑娘，怎生生地结了婚就变得死气沉沉，甚至封闭呢?

燕子不止一次地问我：“为什么曾经那么聪明的我现在会是如此？9年了，感觉空无一物！”

原因在哪里，其实只有自己才最清楚。

婚姻中，保有随时出发或者离开的能力

一位当全职太太多年，把家里打理得井井有条的朋友新近跟我联系上了。

她跟我联系的原因在于孩子突然不愿意上学，她不知道该怎么办。

需要交代的背景是，因为先生出轨，她和先生已经离婚。她独自一人带着两个孩子生活，先生提供抚养费。在这之前，两个孩子都是学校的佼佼者。

深聊下来，她说：“可能孩子们觉得妈妈没有收入，爸爸又不靠谱，内心没有安全感。”

我建议她出去工作，哪怕再少的收入，都会给孩子们一些信心。

她说：“不行啊，我都这么多年没工作过了，你看某某某那么高的学历找工作都那么困难。”

“可是每个人情况并不相同，需求也不同，你不试试怎么知道呢？”我回答。

聊到最后，她深表认同，决定试试。

从朋友的角度来看，能够把孩子培养得如此优秀，个人能力必然不差，职场上其实很缺这种干练麻利的多面手，只不过她居家太

久，缺乏突破的勇气。

一只“老虎”被关在笼子里太久，她会以为自己是“猫”。

你可以为了自己小家庭的发展选择在家相夫教子，洗手做羹汤，但这并不意味着你可以停止学习和提升，把自己的世界变得狭小。

我的一位同学，因为生了双胞胎，家里照顾不过来，她选择了辞职在家，但是她一刻也没闲着，等孩子稍微大一些，开始学习设计珠宝，开起了微店，还和朋友一起投资茶馆，学习茶艺，生活过得非常接地气。

两个孩子成长得很好，同时，她也没有放弃过内心的追求。

记得多年前看到过一句话，人生的方向盘最好掌握在自己手中，路上遇到目的地一致的人，就带他一段，如果他要下车，那就让他去吧，方向盘在我手中，我可以继续开往我希望抵达的地方。

结婚后我们可以把生活的重心转向家庭，但是，却得保有随时出发或者离开的能力。

当燕子决定跟先生办理离婚手续的时候，剧情忽然反转，先生决定离开外遇对象，回归家庭，不再提离婚的事情。

燕子的内心五味杂陈，她问我：“人生为何如此残酷，让我们必须面对这一切呢？”

是的，是有点残酷，但好在我深知，无论她接下来怎么和先生相处，她已经不是昨日的她。

经过这场洗礼，她已经走在自我救赎的路上，具备了以往并不具备的勇气。

从某种程度上说，还得感谢这种所谓的“劫难”。

阅+

女人应该如何拿捏婚姻的分量？

男人从小就知道，婚姻不是他的主战场。

而女人很小就被告知，找个好人嫁了很重要。在这种观念灌输下，女人往往比较看重婚姻，很容易躲在婚姻这个外壳下逃避一些不愿面对的东西。然而，女人们如果把花费在个人情感上的能量转移一部分到其他领域，能产生多大动能？

你真的忙到
连陪家人的时间都没有了吗?

每天说话不超过十句的夫妻

“你说这夫妻之间每天说话都超不过十句正常吗？”青青最近非常苦恼。

“十句？那好像有点夸张呀。”

“我也是想表达我们交流很少的意思。”

“具体说说？”

“上班时间我们基本不交流，下班后我忙进忙出弄孩子，他呢，吃完饭，不是看电影就看手机，总之一定有自己的事情做，有时还会抱怨没有自己的时间。

“我心里想着，男人不像女人那么喜欢热闹，有时候的确是要安静独处一会，所以孩子睡觉之后我就把客厅留给他一个人待着，随便干什么都行。

“但我不希望孩子看到的是一个总盯着电子屏幕的爸爸，所以我要求他在孩子醒着的时候能节制使用电子产品的时间。”

“那他陪孩子出去玩或者上课吗？”

“不太去。”

听下来，男人喜欢干的事情是：宅，独处。

青青并非没有跟先生交流，无论是以撒娇的形式还是严肃地沟通，都谈了，一切照旧。

先生理直气壮地认为反正也没什么需要他干的，他需要独处的时间，而青青却在孩子入睡之前忙得团团转，孩子睡了才熬夜或者早起加班工作。

先生单身的时候喜欢独自去看电影，或者宅在家上网，婚姻生活里还是保持了这种生活模式。

你的时间排序里藏着你看重的东西

“那么，在结婚后，你们二人的时间表是如何排序的？”我问。

青青想了想，先生的时间排序，应该是把独处时间排在了陪家人时间之前，每次出去陪孩子玩他都会催着回家，有时候下班了也不愿意回家，说是回家没啥事干。

青青自己呢，单身的时候，她的时间排序是：

工作时间＞与朋友休闲娱乐时间＞陪伴家人时间＞独处时间（含学习和独自娱乐）。

但是婚后，她的时间排序变成了：

陪伴家人时间＞工作时间＞独处时间＞与朋友休闲娱乐时间。

看得出来，一个显著的变化是，她在婚后特别是孩子出生之后，最重视的事情是与家人相处的时间，其他的都退居其后。

先生的时间排序显然跟她很不一样。

你重视什么，你就会把什么放在重要的位置。

我一向认为，不管在什么事情上，说没时间都是借口，只不过是因为你并不真心热爱或者重视它。

有时候我在写稿子，孩子让我陪他下棋，我内心虽然有点不愿意中断，可是我觉得陪伴孩子的时光更重要，所以我立马放下手中的活，陪他去下棋。直到他去吃饭，我又回来三下五除二地把稿子弄好发出去。

我一点都不认为我的时间管理做得好，为了提升效率，加强执行率，我甚至去听付费的时间管理课。但有一点我非常明确：**我最看重的是陪伴家人的时间**。

我父亲快满 60 岁的时候，我让哥哥回国来，我们一起给他祝寿，哥哥说："60 岁又不大。"我说："老人家怎么好说呢？"结果，爸爸突然去世的时候才 65 岁。

人这一辈子，能平安活到老是件不容易的事情。我们还有什么理由不珍惜能够相伴的日子呢？

孩子一晃就会长大不再需要你，老人一晃就会离去，就连身边的同事，也在不断地更迭。

你是真的那么忙，还是在逃避？

当然，我其实也很理解把工作的时间摆在最重要位置的人，在他们看来，工作是为了家庭有更好的生活，为家人创造更好的物质条件。还有很多人在工作上的时间投入其实是无法自主的。

只是，值得注意的一点是，当家人对于你的时间排列顺序提出异议的时候，请静下心来沟通一下。

我们让身边家人感觉到被忽视，可能的原因到底在哪里？

▶ 你需要通过过度工作，来填补你难以抑制的焦虑

每个人对工作和家庭的时间分配比例都不太一样。

有些人喜欢工作的时候集中精力去工作，需要应急去加班的工作也能积极完成。但除了“不得不”加的班和投入的工作时间，他都会把时间腾出来匀给工作以外的其他事情，或陪伴家人，或独自学习，或休闲娱乐。

如果你将时间大部分投入工作，连吃饭睡觉都在想工作，而且只能通过在工作上取得成绩才能找到成就感和乐趣的话，那么，真值得警惕了。你很可能已经入戏太深了。

你可能需要想想，我这么热爱工作，到底是因为我喜欢这份事业，还是说我需要通过不断的工作来填补我难以抑制的焦虑？仿佛唯有工作着，我们才没有浪费人生。

经常会听到妹子说：“他是男人嘛，事业心强是正常的。”

没错，事业心强没有问题，但如果强到完全忽略身边人的感受，他不过是在扩张自己的私欲而已，打拼出的未来也未必和你

有关。

▸ 你害怕他人深深侵入你的领地

有些人喜欢独处，虽然也渴望别人的关心和爱，可是，一旦外界真的对 Ta 展现出友爱和关心，希望深深地融合，Ta 却又感到害怕，似乎有一张无形的网，将自己和外界隔开，一旦有人碰触这张网，Ta 就会不自在，觉得窒息。

婚姻生活里，孩子的吵闹，女人的唠叨，丈夫的指责，都会让这张网不断地被触及，常常让人感到烦闷。于是，Ta 会有意无意地与这种生活保持距离，以求内心的安宁感。但这些行为，往往会让身边人感到被忽视。

▸ 你想在婚姻生活中偷懒

还有些人，虽然结婚了，但内心并没有意识到自己需要承担的责任。做家务、陪孩子这些事情在 Ta 眼中都会有意无意看不见，或者潜意识里就觉得“没有意思、无聊、累”。

于是，Ta 还是以电脑、游戏为伴，逃避自己应该承担的责任。遇到一地鸡毛的事情，通常的选择都是回避沟通，继续过着单身生活状态，把家当作旅馆，如同开头提到的青青的先生。这样的人，往往会在家庭成为隐形爸爸或者妈妈。

有先生在外面被人夸太太漂亮精致，他大吃一惊，他一直觉得太太永远一副穿着睡衣蓬头垢面的样子，哪里来的精致？

后来看见太太精致妆容上班的样子，才恍然大悟，平日里自己工作太忙，几乎没有看到过她不穿居家服的样子。自那之后，就是为了多看几眼别人眼中的“漂亮太太”，他开始推迟上班一小时，每天开车送太太上班，夫妻感情也融洽了很多。

我们都只有 24 小时，除去睡觉的 8 小时时间，工作的时间至少占据 8 小时，再除去每天路上通勤的时间，我们能与家人相处的时间也不过是 3~4 小时或者更少。

试着，放下你那些所谓的“目标”，陪家人的时候身心俱在，你也会从中享受到以前不曾意识到的乐趣。

多少夫妻，曾败在了不再相互陪伴和沟通。又有多少孩子，睁大双眼渴望父母走心的陪伴。

就拿孩子来说，长大后，孩子记得的未必是玩耍的内容、读过的书，但他们永远记得，与你一起依偎、打闹时候的温馨和关爱。

这些东西，将深深地刻进他们的生命里，成为他们迎接风雨时最好的支撑力。

因为他们知道，背后永远有人爱他们，因为，我们一直在一起。

阅+

女性能挣钱之后，男性能提供什么？

陪伴，陪伴，陪伴！

参与，参与，参与！

Chapter *5*

看见他人，
洞见自己

一句话可以把人伤到什么地步？

“伤我最彻底的，是你的一句话。”

你是不是常常会因为某一句看起来无关痛痒的话就被点燃。

“哈哈，你是猪脑子啊？”

“你怎么那么无聊呀？”

“丢脸丢到家咯！”

“你是不是傻？”

“你懂什么？”

很多时候，明明这是一句很普通的话，但在听到的那一瞬间，你受不了了。

就像打开了潘多拉的盒子一般，或是想发火，或是感到沮丧。

你会因为这句话陷入痛苦，你觉得说这句话的人肯定觉得你很笨，而因为你的愚钝，这辈子都不会有人真的喜欢你。

于是乎，你以冷淡的语言回应，企图保护自己不受到伤害。

又或者，你和说出这句话的人吵架，你温柔的声音突然抬高八度，你无法控制此刻的自己，体内仿佛诞生了一只怪兽，快要冲出来。

你很想控制自己，然而却无能为力。

身边的人蒙了："你怎么会这样呢？你是不是太敏感了？"

到底是谁错了，是你玻璃心不可理喻，还是对方太无礼？

为什么看似不经意的一句话，能够打开心底深处的创伤？

也许大家谁都没有错，只是，不经意的一句话，激发了藏在你心里的那个旧伤。

伤一直都在，只是引出来的瞬间爆发了。

方子是因为夫妻关系的问题而来到咨询室的。

她对工作和生活都挺满意的，至于老公，她也认为是个暖心的人，但是不知为什么，她跟老公却经常因为琐事吵架。

倾诉的时候，她反复地提到了先生经常说的一句话："你懂什么？尽瞎说！"

在与方子的深度沟通中，咨询师了解到，方子是家中最小的一个女儿，上面还有三个姐姐一个哥哥。

小时候，每当她想要表达她的想法或者意见的时候，总是遭到父母的斥责："你懂什么？小娃子一个！"

哥哥姐姐比她大很多，也会经常嘲笑她："就你最小，什么都不懂。"

她还记得每每听到这句话的时候，她都会不由自主地低下头，心里感到屈辱和不甘，以及由之产生的深深的自我怀疑。

时间久了，她不再表达自己的想法，总觉得自己的意见无足轻重，反正也是被忽略的那一个，渐渐地变得敏感、多疑。

“怀疑自己什么都不懂，因而不值得被爱”，这种想法像是一颗地雷一样，时不时地出来恐吓她一下。

在咨询过程中，方子渐渐发现，其实她的老公，在很多行为方面还是很尊重她的，只是在语言上，并未意识到这种“你懂什么”会让她产生强烈的不被尊重的感觉。

这个词，的的确确勾起了她“被轻视”“被忽略”的那种记忆。

海灵格曾经在《爱的序位》中提道：“孩子在潜意识里是会追随自己的父母的，无论你知道或者不知道。”

父母都是天生的催眠大师，如果是长期反复地用某一种语言刺激孩子，孩子在潜意识里就会深受影响，甚至认同父母所说的。

最重要的是孩子当时的感受和情绪并没有得到表达的机会，于是，都有可能会储存在心灵深处。

这些心灵上的种子，遇到诱因的时候，就会瞬间爆发。

长大之后，虽然有些人的生活远离了父母，然而，父母内在的影响力仍然不可小觑。

像是某种魔咒一样，限制着你的思想和行为，甚至，成为不可碰的敏感地带。

“怎么这么笨？”

也许只是情侣间的小小调侃，然而，你却迅速切换到：

“怎么这么笨？什么都干不好！”

“怎么这么笨？你这个废物！”

然后，甚至可以上升到 Ta 不爱我。

这就是为什么，往往身边人会觉得是当事人过于敏感，而当事人自己都不得而知背后的原因。

原来只不过是之前的经历埋下的地雷被踩响。

我们最大的不小心，就是“说话前什么也不想”

曾经获得戛纳国际创意节大奖的谢勇老师的作品《语言暴力》用几句暴力语言拼成了武器，震撼了很多人。

他曾经提到过一个案例：

15 岁的小王，小时候学习成绩一般，母亲经常数落他“就知道吃”。在数落中长大的他身体肥胖，脾气也很暴躁。

他在沈阳一家饭店做厨师时，老板说他是“愤怒的小胖，就知道吃”，勾起了他屈辱的童年。

等到老板深夜熟睡时，他将匕首插进了老板的腹部。

“母亲说我，我没有办法，他凭什么那么说我？”

这是一个极端的个例，却暴露出了一句话能够带给人多么长久的伤害。

语言是有能量的，积极有建设性的语言就像魔法棒一样会照亮一个人的生命，而贬低的侮辱性的语言却能让一个人伤痕累累。

也许，由于我们过往的经历，每个人心中都有一些不愿意被触碰的雷区。

曾经总是被说“你这么笨”的人，最忌讳然而也最认同的或许就是自己很笨。

曾经总是被说“我不相信你了”的人，往往变得敏感多疑，对人对己都缺乏信任感。

在比较和评判中成长，压抑和焦虑泛滥，这是现在年轻人的常态。

年幼时，我们往往通过父母对待自己的态度去判断自身的价值，长大了又习惯于通过学校和社会的一个评判体系去评价自我。

好在，能够看到这篇文章的人，其实都是在学习如何更好地和自己相处的人。

从生活中对一句话的敏感反应力，你能看见自己的过去。

虽然你不需要为年幼的你遇到的负面事件负责，但却拥有为当下和未来的自己负责的能力。

“杀不死我们的能够让我们更强大”，这句话并不表示那些过去遭受的苦难会自动变成我们的财富，很多情况下，苦难只不过是让人讨厌的苦难而已。

我想这句话说的是，当你历经沧桑之后，以全新的视角去关注自己的过去，让过去的苦难不再以潜意识的某种方式，影响今天的自己。

“这不是寄托于苦难的某种馈赠，而是为了自我实现而做出的切实努力。”

如何不让一句话打开创伤？

如果你身边的 Ta 是个容易因为某句话受伤的人，又或者，你自己是个容易被点燃情绪的人，有没有什么办法，可以让我们脱敏？

▸“哦，原来我踩地雷了”——请止语

作为说话的人，当你说了一句很平常的话，对方情绪却很激动的时候。首先，请止语。

也许表达者和接受者的理解发生了较大的偏差。

如果此时进一步争个输赢或者想要解释清楚，往往会产生更大的误解。还不如先止语，等双方都平静下来，再试图达成理解。

当你觉得一个人不可理喻的时候，或许 Ta 有 Ta 的内伤在。

你了解了这背后的故事，才会真正理解 Ta。

如果自己被对方激起了特别不好的感受，可以写下来进行自我觉察：

▹ 对方这么说的时候，我是什么感受？

▹ 他这么说让我想到了什么？

▹ 以前有类似情况出现吗？

▸“我承受不了你的这句话”——请表达

如果你真的有一些不愿意听的话，其实，不妨敞开心扉告诉身边人：

“你知道吗？每当你这么说的时候，我的脑袋就是发蒙的，我小时候经常被大人这样指责，只要你也这么说，我就会失去理智。”

“你刚才那样说的时候，我也不知道为什么，我的火就冲出来了，其实我知道你说的是有道理的，但是每次你这么说的时候，我就特别生气和伤心。”

如果你很在意这个人，坦诚地告诉对方你的过去，寻求理解，这将是促进彼此了解的一次深入互动。

如果你并不在意这个人，那么他的评价究竟是什么，对你又有什么关系呢？

▸“你总能找到解决问题的办法的”——请重启

如果你不断地受到他人语言和评价的侵扰，那么，或许你可以换个角度看待这个问题。

在遭遇原生家庭留下的创伤时，有一部分人修复力很强。

研究发现，他们拥有一种被心理学家称为“内控型”的人格特质。

内控型的人有这些特点：

▹ 认为我的收获与幸福很大程度上取决于自己的决定和自己付出的努力。

▹ 相信自己总能找到办法解决问题。

▹ 当我不能影响或改变将要发生的事情时，我可以平静地面对它们，至少不让它们过于影响我的生活和心情。

如果我们能正向解读曾经受到的伤害和遭遇到的磨难，我们对其他人的语言便不会那么在意。因为我们的关注点更多在于自己的感受，而不是他人的评价。并且深深地知道，当下的事情，只不过是个引子而已，其实是在邀请我们静下心来多与自己沟通。

▸ 寻求专业力量介入

当然，如果凭借自己的力量办不到的时候，可以试着寻求专业力量的介入。

在催眠和其他类似的疗法中，很多来访者会发现，原来，真正让自己困扰的不是当下的事件，而是当下的事件勾起了过去的创伤。

让个案通过催眠或者深层沟通的方式回到童年的场景的时候，往往能够通过引导释放当时的情绪，逐步达到与他人或者自己的和解。

如果你身边有些人因为你的一句话而表现出了极度的负面情绪，而你又非常在乎这个人的话，停下来。

很多时候，你只看到了一个人的不可理喻，却没有看到这个人的伤口正在撕裂。

寻找一个机会，了解 Ta 的故事。

因为你如果不问，你永远不会知道，一句话对人的影响可以多么的深远而彻底。

愿我们的语言像阳光，而不是刀子。

愿你最爱的人能够沐浴于温柔。

阅+

面对伤害性话语，我们能做什么？

- 止语——停止伤害继续扩大。
- 表达——表达我的底线，防止对方越界。
- 重启——梳理情绪，寻求解决办法。
- 借力——寻求专业力量介入。

7 种最伤人的安慰模式，你躺枪了吗？

为什么我们的安慰总是那么无力？

Shelly 加班回家，非常累，加上来例假，肚子有点痛，想起白天在老板那里受的委屈，忍不住跟爱人吐槽。

“今天太累了，肚子也痛。干吗那么挑剔，哪能件件事要求完美啊，完全不顾下面人的承受力。”

爱人听了，试图安慰她：“嘿，我的老板更过分，今天表格格式不行，硬是让我去甲方那里把资料全拿回来重做，整整 100 多页啊。”

Shelly 继续说：“我真有点不想干了。”

爱人说：“你那工作，确实没什么好干的，又辛苦工资又不高。早就该换了。”

Shelly 一听，气不打一处来：“那房贷怎么办，孩子教育费用怎么办……哎呀，肚子痛死了……”

爱人不知道说什么好："要喝点热水吗？"

看着自己深爱的人沉默了，他搞不懂她怎么比刚才还要生气。

生活中，你是不是也经常有这种经历，试图在信任的人面前吐个槽，寻求个安慰，结果发现，听完对方的话，比一开始还要生气了。

又或者，你试图安慰向你倾诉的人，却发现很无力，除了说"没事的，都会过去的"，竟然找不到缓解对方情绪的合适方法。

你只能看着对方的情绪越演越烈，却根本做不出任何有效的安慰，不管你有多爱对面的这个人。

为什么会这样？

最伤人的7种安慰方式是什么？

"你不要这么想。"

"我比你惨……"

"我完全理解你。"

"我特别同情你。"

"想开点，一切都会好起来的。"

"我来给你分析分析这个问题。"

"如果有什么我能帮得上忙的，请尽管说。"

上面的每一个答案，都有不妥之处。

为什么这些看似正常的安慰方式，实际上很无力，有的甚至起反作用呢?

我们仔细来逐一体会一下当事人的感觉。

▸ 错误安慰类型一

“一切都会好起来的”“没有那么糟糕”“你不要这么想”。

这种安慰人的语句，经常出现在我们的对话当中。

说者以为自己在安慰对方，然而，听者的感觉却可能会非常糟糕。

在倾诉中，当 Ta 说“他们居然这么想我”，想要解决问题的你说“你不要这么想”，但对被安慰的人而言，这其中暗含的意思是：“这是你自己太敏感，你不对。”

因为此时，Ta 心中的万千苦水，Ta 想要表达的情绪和感受被你的话生生地堵回去了。

跟处于痛苦中的人说“一切其实没那么糟，你不要这么想”，相当于是在贬低和轻视 Ta 所受到的折磨。

你在第一时间，否认了 Ta 的感受。

往严重的情况说，其实是一种强迫和暴力。

▸ 错误安慰类型二

“我比你更惨”——居高临下的同情。

开头列举的例子中，Shelly 的本意是想吐槽自己很累，老板很挑剔，希望老公能够理解自己，跟自己站在一条线上，没想到老公不仅好像没听见自己的话，反而说“我的老板更过分”（听起来暗含的意思：你的算什么！是你自己弱！），然后开始吐槽。

Shelly 的情绪没有发泄完，发现老公已经在说自己的事了，满肚子的火没处发，反而有一种被漠视的感觉。

心理咨询中常常会用到一个词“自我暴露”，指的是咨询师在适当的时机，与来访者分享类似的经历和心得。

但其有一个非常重要的原则就在于，这种自我暴露是出现在合适的时机上的，有可能在对话的中期，也有可能在某种特别的谈话氛围中。

无论在什么时候，其中很重要的一点在于来访者已经通过前期的咨询排解了一部分情绪，双方建立了很好的链接。

如果是谈话处于倾诉阶段，匆忙地诉说自己的经历，轻易地比惨是不妥的。

这种安慰人的方式，其暗含的风险在于：

▷ 否认了对方情绪的合理性。

▷ 否认了其经历的独特性。

▷ 把对话的焦点从对方转向了自己。

与比惨相比，居高临下的同情也是不尊重对方的表现，其看问题的角度没有把双方放在一个平等的位置去看待，跟共情有很大的不同。

▸ 错误安慰类型三

过早说“我完全理解你”“我懂你”。

许多人为了表示自己跟对方站在一条战线上，会匆匆说“我完全理解你的感受”“我懂你”。

可是，就算是十分有经验的咨询师，要做到完全地理解另外一个人，都是相当困难的事情。

你永远只能做到“如同”，无法完全变成对方。

柴静说过：“只有同样经历过无边黑暗的人，才有资格说，我理解你。”

而每一个人的经历却是如此独特，精确地理解他人是一件笨重而且很花工夫的事。

所以，别脱口说出“我完全能理解你”，那无异于抹杀了一个个体存在的独特性。

▸ 错误安慰类型四

跟对方讲道理——口头提供帮助。

电视剧《我的前半生》热播的时候，我们办公室有个姑娘特别羡慕罗子君能遇到贺涵这样的人，能时时刻刻提点她，让她走出迷雾。

旁边的大姐来了一句：“那不过是因为长得帅又是电视剧，如果我在遇到困难的时候老公天天在旁边这么教育我，我会恨不得一脚踹走他。”

听罢我们都笑了。

贺涵虽然是咨询界精英，擅长从一件事情中找到解决方案。但他的处事风格和台词未免给人一种说教过多的感觉，缺乏情感上的共鸣。

人们在沟通的时候，往往并不是寻求答案，还包含了内容信息层面和情绪情感层面两部分。

其实，道理人人都懂，但不是每个人都可以给予自己情感上的接纳。

所以，别拿那么多生硬的道理来应对，更别只是口头上说要帮助对方。

如何有效地安慰一个人？

安慰别人的关键是什么？比较有效的是：

▶ 步骤一：接受 Ta，看见 Ta

换一句话说，即，我不加评判地接受并看见他人的情绪。

人本主义心理学之父卡尔·罗杰斯曾说："爱是深深的理解与接受。"

去翻阅罗杰斯的咨询案例集，一个简简单单的"嗯"大量地出现在他对来访者的回应中。

在他看来，他只是在做一件事情——倾听并有所回应，适当的时候，肯定对方的情绪是真切的。

这种不加批判的回应，会使得倾诉的人情绪输出的管道是畅通的，Ta 处于一个安全、友好、有爱的倾诉环境当中，痛苦会得到缓解。

有时候，你觉得你什么都没做，只是陪在对方身边，甚至是听 Ta 哭一场，而 Ta 却在结束之后会告诉你："谢谢你，感觉好多了。"

▸步骤二：陪着 Ta，我们在一起

高中的时候，我们班有位同学的父亲突然去世，处理完父亲的后事后，她仍然每晚坐在操场上落泪，仿佛只有在黑暗当中才可以让她感到安宁。

后来班长在操场上找到了她，他默默地坐在她的旁边，什么都没有说，只是把纸巾递给她，就这样两个人一直坐到天亮。

从那个夜晚开始，失去父亲的她开始振作起来，重新投入正常的学习当中。

这一晚，也成为她记忆中很温暖的一幕。

仅仅是坐在她的旁边，告诉她，“我们在一起”，她的内心就感觉到了力量。

所以，当你试图安慰一个人，有时候，只要待在 Ta 身边，告诉 Ta 并非一个人。

不要害怕，不要迟疑，人跟人在一起会获得力量。

▸步骤三：抱抱 Ta，温暖 Ta

除了口头语言之外，不要犹豫，走到他们身边，用肢体接触对方。

你可以根据关系的远近和对方的习惯，握着对方的手，鼓励对方在倾诉的时候哭泣，甚至推动它的发生。

基本的共情已经达成，你可以注视着对方，对 Ta 说：“太难受的话，就哭出来吧。没关系的，我会陪着你。”

而拥抱则可以传递出热度与温情。有的时候，我们早已经忘记了事情发生的时候别人说过什么，可是却清晰地记得那双有力的大手，记得拥抱时候的温度，那往往是我们在黑暗里最温暖的阳光。

▸ **步骤四：为 Ta 做点什么吧**

王小波曾说，人的一切痛苦，本质上都是对自己的无能的愤怒。

没有什么比实际行动更能安慰一个痛苦无助的人了。

当一个人陷入离婚财产纠纷中，你能够为 Ta 找来合适的律师。当一个人处于失业状态，你能够和 Ta 一起制作一份精美的简历，并推荐给合适的人。那么，这种安慰的效果是非常直接的。

当然，或许很多时候我们做不了这么多。

但是，直接去倒一杯热水比说“喝点热水吧”更有效果。直接去陪着 Ta 度过漫漫长夜再送点吃的比说“有什么需要我帮忙的尽管说”更有力量。

总之，**若希望真的安慰到 Ta，做你能做的，而不是停留在口头上。**

人生或多或少都会遇到一些看似熬不过去的坎。

可是，因为这个时候，有你来安慰我，陪我走过，我才没在最黑暗的时候放弃自己。

下次记得，别光说“没事的，都会过去的”。

当然，有你陪着，再拙劣的安慰，我也会心存感激。

阅+

如何有效地安慰一个人？

- 让对方充分彻底地表达，认真地倾听并简单回应。
- 充分地共情，深深地理解对方，但不要高估自己的理解力，事实上，一个人无法完全地理解另一个人的处境。
- 提供能提供的切实帮助。
- 最关键的是通过合适的方式让对方感觉到你的爱。

当我们选择障碍的时候，我们在害怕什么？

怎么选都可能会后悔

大概从我记事开始，就开始接受父母的熏陶：只有体制内的工作是稳定有保障的，企业意味着随时可以倒闭，随时可能失业。

在我研究生毕业的时候，面临两种选择：

一是进入我较为喜欢并有丰富经历的传媒行业或者相关的企业，这意味着辛苦、奔波，但同时意味着较多的职业发展可能性；

二是遵循父母的想法，进入体制内工作，朝九晚五，这意味着单调、缺乏生机，但同时意味着稳定、能让父母放心。

在考虑签约的40天的时间里，我每天都在纠结痛苦，我不知道该顺应我自己的内心去勇敢一些生活，还是该遵循父母的想法走稳妥路线。我的这种纠结甚至影响到了我的生理状态。

后来，我选择了第二条路线。但是此后长达七八年的时间里，我都在为这个选择而后悔。当然现在的我，早已经不再后悔了。

其实，我前些年的困惑并不是个别现象。

有很多的人跟我一样，在人生的重要关头，为如何选择而纠结不已，甚至痛苦不堪。选了 A，过些年回头看看觉得当时应该选择 B，选了 B，又觉得是不是 A 更好。

无法做出选择的时候，我们在害怕什么？

为什么我们在重要问题的选择上常常如此优柔寡断，并且怎么选感觉都是遗憾呢？

▸ 我们并不知道自己要什么

有选择障碍的人，往往对自己缺乏清晰的了解，对自己想要什么也是一片茫然。

以我自己为例，长久地接受父母和社会的催眠，内心深处已经是深深地接受了“体制内工作稳定”“你是女性，你需要一份稳定的工作”的信念。

尽管大学期间我是十分优秀的学生记者，在读书期间也通过各种实习机会积累了丰富的媒体经验。但我的内心是不坚定的。

我没有对我的个性和能力做综合而客观的评估。我只是在随大溜地做个好学生，选择热门的专业而已。

一句话，我心中的梦并不清晰。

这个时候，身边有影响力的人提出明确的建议，跟我内心的某些想法不谋而合，最后促成了我的选择。但真正促成我选择的，不是别人，其实是自己。

弄懂了这点以后，我不再为这件事情感到后悔。

▸ 我们恐惧不确定的未来

有时候，我们害怕选择，是因为我们无法预知未来，并为未来的不确定性感到担忧和恐惧。

我认识的一名全职太太，喜欢烘焙，经常在朋友圈晒她的作品。

她家庭没什么经济负担，先生也一直鼓励她追寻自己的爱好。

她一直给我们表达要开一家面包店的想法，大伙觉得非常好，鼓励她去做。

可是她说了很多年，始终没有行动。

“要是我的面包卖不出去怎么办？投资亏损了怎么办？”

“万一我去开店，没有时间照顾孩子怎么办？”

后来我们发现，她有很多很多的想法，但是顾虑非常多，所以很多年过去了，她的面包店还是没有开成。

像她这么有天分的人因为对未来的过分担忧舍弃了探索，我们都觉得很可惜。

当然，其实很多时候我们跟她是一样的。因为前方的路况如何，我们根本无法知道，索性就躲在安全地带不敢往前走，只好羡慕别人把日子过得风生水起。

▸ 我们对自己不够诚实

我曾经接待过一位因为婚姻中的三角关系前来咨询的来访者。

丈夫待她很好，可以算得上一位好丈夫，可是她的先生在性生活方面有很大障碍。

她无法压抑自己在身体上的欲望，碰到外遇对象的时候，她沦陷了。很想离婚跟外遇对象在一起。她感到异常痛苦，很难找到两全的办法。

在探讨中她发现，她真正无法面对的，其实是自己因为性决定跟谁在一起。

如果因为性，抛弃先生，她会感到发自内心的羞愧，但这种身体上的欲望是真实存在的，深深地影响到了她的脾气。

身体的欲望与她内心深处的道德感，发生了强烈的冲突。

有时候，我们看起来有这样那样的想法，甚至能听到身边人各种各样的建议，但我们还是觉得不清晰。

其实是我们不敢把那个真正在乎的东西，真正介意的东西放到放大镜下观看，无法面对真实的自己。

人生重要转折点，如何选择才不会后悔？

那么，在面临人生重要关头的时候，我们该如何做出相对适宜的选择，减少后悔的概率呢？

▸ 为你的选择画一张思维导图

不少来访者在做咨询的时候，都会问：“我该如何抉择，怎么办？”

在重大问题的抉择上，别人无法给出明确的建议。

人生是自己的，得自己去抉择。

但咨询师能够做的一点是，可以和来访者共同探讨事情发展的各种可能性，从而明晰选择方向。

你可以拿一张纸和一支笔，把每一种情况可能引发的结果列一张思维导图，用可视化的方法让一切明晰，可以包括：

▷ 优劣性比较：每种选择可能引发的结果、优点、缺点；

▷ 投入成本比较：每种选择需要的投入（包括人力、物力、财力等投入）；

▷ 把握度比较：在每种选择中，你能把握的部分和不能把握的部分分别是什么。

经过以上各种情况的分析之后，很可能你对自己所处的境地和未来可能出现的情况都有了一定程度的判断，有利于你做出选择。

▸ 听从直觉，听从内心

如果说第一点更多的是大脑层面的分析，听从直觉，听从内心则更多的是灵性层面的一个选择。

你特别纠结痛苦的时候，也许意味着真正的时机还没有到来。

“我到底该怎么办？最好就是快刀斩乱麻。”

纠结于是否离婚的人匆忙离婚了，最后发现伤痛并没有随着婚姻关系的解体消失。

纠结于是否买学区房的人匆忙买了房，又发现不是真正想要的。

你感觉特别难抉择的时候，此时你的头脑和心灵还在打架中。

也许你需要做的是，暂时从这件事情中跳出来，让自己静一静，把目光转向自己的内在。

听听自己内心真正的声音是什么，你的第六感又在告诉你什么。

你好好休息，静下来积蓄能量，并不刻意选择的时候，选择也许就自然而然产生了。

还有一部分情况是你需要以静制动，把选择交给时间，你只负责调整好自己的状态即可。

▶ 不恐惧未知，敢于对自己的选择负责

前几日一位朋友来找我倾诉，大意就是觉得生活太不如意，老公和父母脾气都不好，而自己一直抱怨，家人压力也很大。

我回复她：“要么努力改变状况，要么转念，去接受这一切。”

很多时候我们爱抱怨，是因为我们想通过抱怨，转移自己的无能和逃避。既不愿意直面问题又不愿意坦然接受，于是，只剩下了日复一日的抱怨。

其实，世界上的选择，总会有这样那样的遗憾，总让人感到不完美。

就像是男人选了知书达理的大家闺秀，又觉得妻子少了些风情，觉得当初应该选那个风情万种的初恋情人。

女人选了体贴的暖男，又嫌弃先生不是干大事的料，时常抱怨自己怎么会如此不会选择，跟着先生过平庸琐碎的生活。

无论怎么选，不满足的人总会看到这样那样的不如意，抱怨横生。

所谓选择，有时候也是一种赌博。最关键的是，你敢不敢愿赌服输。

不管如何选择，我都有能力承受

在网上看到一位姑娘的故事。

一个20多岁的姑娘，接到了日本早稻田大学新闻专业研究生的录取通知，但是男朋友和他的家人不能接受她去留学，提出了分手。她想了一周，不顾众人和自己家人的反对和他结婚了。现在过得很好，是两个宝宝的妈妈。

“也曾经想过如果我当时选择了上学，现在会是另外一种生活，但无论我曾经多么向往那种生活，我都没有后悔过我自己的选择。”

她说：“世间予我千万种喜欢，沿途逐枝怒放，全部遗漏都不要紧，得你一枝配我胸襟就好。”

有的时候我们不敢选，是因为怕选错了，选得不好，此后的人生都因这个决定受到深刻的影响，抑或是我们太贪心，什么都想要。

可是，如果我们能够认真衡量，在选的时候少一些畏惧，多一些勇气。选完之后，死心塌地地去接受那个结果。在某些关头的选择，便显得没有那么难了。

因为，或许真正重要的不是该选什么。

而是：

我敢于听从自己的内心做出选择。

我敢于为我的选择承担百分百的责任。

阅+

如何才算是听从内心的选择？

我常常用这样的话问自己：

如果我就要离开这个世界，我会不会因为没做这件事而后悔？答案如果是肯定的，那么就豁出去做。

世上本没有完美的选择，然而，愿赌服输，敢于承担结果的人，会觉得每一种选择都是完美的。

困境中，我们该如何走出无力的旋涡？

不爱自己，往往是问题的根源

记得《我的前半生》刚开播没多久，就引起了大家的热议。

大伙儿貌似约好了一样，开始对这部戏的女主角进行集中批判：

依附、不独立、恐惧、穿衣没品位、不是亦舒女……

其实，我倒是觉得大家有些太着急了。

既然是蜕变剧，那么自然在前半段要贬损她，把她塑造成一个需要改进的地方很多的女性。

要不然，变什么呢？

陈俊生和很多男人一样，非常贪心。

明明他画了圈给太太，希望太太稳固后方，自己专心事业，若干年后，又开始嫌弃太太不谙世事，太过单纯。他看不见妻子虽然没工作，但是却是后方的核心。

明明是他不跟妻子分享工作中的各种压力和焦虑，又埋怨妻子不像小三一样理解他，跟他一起承担生活的不易。罢罢罢，不在他身上浪费笔墨了。

罗子君呢？

很多人都觉得 30+ 的年纪，生活一片安稳，丈夫出轨，提出离婚，这简直是人生灾难。

然而，痛归痛，对罗子君的人生来说，却是一份巨大的礼物。

婚变之前，33 岁的罗子君过着什么样的日子呢？

衣食无忧，住着宽大的房子，有漂亮健康的孩子，有多金的先生，岁月静好是不是？

虽说安稳，虽说有看起来很体面的生活，但她的内心其实一直没有安稳踏实过。

引用她的话，她需要同两样东西做斗争：一是日渐松弛的皮肤；二是先生身边的小姑娘。

无论是前者还是后者，其实她都花足了精力。

碰见先生跟年轻漂亮的女同事一起选项链，她冷嘲热讽地把对方当作潜在的第三者。完全不顾忌让先生在同事面前颜面尽失。

为了找到第三者，她冲到公司去翻东西，当着众人的面扯下老公徒弟的项链。

当这位无辜遭殃的姑娘说出："他真的是很好的师傅，可是怎么会娶你这么没教养的女人！"令人瞠目的是，子君居然回答："等你到了我这个年纪，这个处境，就会明白，教养与婚姻相比，是一钱不值的东西！"

这样的女人，爱先生爱家庭，唯独看不到自己的魅力，也不知道爱自己。

如果她爱自己，她便不会惊慌失措，一次次去寻找先生出轨的迹象。

如果她爱自己，她便不会总把年轻漂亮的女人当作对手。殊不知，岁月沉淀下来的气质和内涵同样具有迷人的魅力。

如果她爱自己，她便不会心怀恐惧，把内心的那份不安全感一步一步升级，“抓取”这份感情，让她的先生喘不过气来。

这样的人生，真的好吗？恐怕在她的内心深处，一样憔悴疲惫。

不经历困境，你永远不知道自己多有力量

罗子君的婚姻挫折，并不是完全来自她的全职主妇的身份和强劲的对手，而是来自她内心的不安全感和恐惧感。

这些东西，让她变成了一个连自己都觉得无能、没有力量的女人。

但是，她的丈夫出轨了，而且，没有按照她的预设选了年轻漂亮的女人，他的出轨对象是一个从外形上完全比不上原配的女人。

这给了她致命的一击。

作为一个一心只顾着家庭的女人，她很难理解昨日枕边温情脉脉的先生为什么一夜之间变得那么决绝；她不明白，先生喜欢的人到底有什么好，哪里比得上她？

从震惊、痛苦、绝望、抗拒到接纳，转而被逼奋起，找到新的

人生方向。

“卖出去第一双鞋的时候，我从镜子里看到了一个全新的自己。”

随着剧情的展开，她让人刮目相看，也渐渐地让越来越多的人欣赏和喜欢她。

她发现，她的人生，较之于以前，虽然很累也很辛苦，但心里面是踏实的。

因为，无论物质条件是否比得上以前，但这是属于自己的，有把握的生活。

且不论她后来被比老公优质好几倍的贺涵爱上，单单是她再也不用去把每一个年轻漂亮的女人当敌人，也不用怕自己什么也干不了。这种感觉，较之于以前富太太提心吊胆，无法自主的生活，谁又能说不好呢？

罗子君和很多面临困境的人一样，她的奋起和上进是被逼的。

这是陈俊生给她的磨难。可是，如果你在那样的境地下都没有放弃自己，熬过去了，真的会迎来一个豁然开朗的世界。

因为她的正确对待姿态，这种磨难，正一点一点转化为礼物。

君不见，从不相信自己可以的子君在法庭上为了争夺儿子的抚养权有理有节，声情并茂地打动了所有的人，最终赢得了官司。

这就是绝境之下女人所迸发出来的力量。

痛吗？痛！

被逼的吗？是的！

会屈服吗？不，接受，臣服，然后继续！

无路可走的人往往意味着拥有平时看不到的勇气与力量。

熬得住，就熬得出

我知道在生活中，面临这种困境的女性不会是电视剧演的那么简单。

我们并没有多少时间去疗伤，只能咬紧牙关带伤前行，摆在眼前需要面对的是：

突然而来的经济压力，老已老、幼尚幼、人手奇缺，亲人的不理解，外人异样的眼光……白天笑得像朵花，晚上独自泪水涟涟地往前熬。

但是，每一个拿出勇气来熬过这段时光的人，都会成为生活的勇士，更有机会体验剧情跌宕起伏的人生戏剧。

分享两个真实的故事。

美国报业的第一夫人凯瑟琳·格雷厄姆曾经是性格十分羞涩的全职太太，主要负责一家人的生活起居。

1963 年 8 月 3 日，她的丈夫举枪自杀。

正当众人以为这家报社即将关闭的时候，几天之后，她毅然踏进了《华盛顿邮报》的办公室对着公司的行政官员们宣布公司不会被卖掉而是继续办下去。

在她的领导之下《华盛顿邮报》从一家小报一跃成为美国最有影响的大报。

也就是在她的带领下，对水门事件的调查持续了两年之久，最终将尼克松赶下台。

想到她，我又想起了有缘见过的“亚洲女首富”、华懋集团总裁龚如心。

她的经历很传奇：

她曾经和丈夫一起创办了华懋集团，生意做得风生水起的时候，丈夫被绑架，并且长期下落不明。自那之后，幕后的龚如心走到台前，面对各种质疑，她挑起了重担。

与很多模糊性别的女总裁不同，不管什么场合，她喜欢扎着羊角辫，穿艳丽的衣服，但她在事业上毫不含糊，拿出了令一般男性都佩服的果敢和勇气。

正是她身上的这种力量，陪伴她和她的企业，度过一次又一次危机，创造了一个又一个奇迹。

当生活给予重创的时候，她们并没有一蹶不振。

不仅承担住失去亲密伴侣的悲伤和痛苦，而且承担了众多人的期望，将身上的责任转化为动力，抵达了常人抵达不到的地方。

困境之中，往前看，不往后看

可很多人会说，道理我知道，但是在旋涡当中的时候，我做不到像她们一样坚强和勇敢。

我们看不到曙光，也容易感受到伤害和痛苦，甚至把自己定位于受害者、被抛弃者、倒霉的人。这样的人，遭遇罗子君的困境，极度容易陷入受害者情绪中无法自拔。

同样的事情发生在不同的人身上，为什么会呈现出不同的结果呢？

比方说，面对丈夫出轨，有的人甩掉包袱，像罗子君一样从头再来，体验到了另一种味道的人生。

有的人却一蹶不振，成为一个连孩子都讨厌的怨妇。

这其中很大的原因在于她们对于这件事情的认知并不相同。

一种是：我过去真傻，全心全意为整个家在活，结果他居然背叛我。从此以后，我要为自己活，活出自己的人生来。

一种是：都是他害的，我那么全心全意对他，他就是我今后的敌人。我要诅咒他不幸福。

发现没有，前一种把心从家庭和别人收回到了自己和未来，而后一种，关注点仍然是过去和他人。

每个人的能量和精力都有限，如果你继续地把关注点放在磨难、过去、恨的人身上，那么，你会继续地不幸。这就是轮回。

面对磨难，我们更应该思考的是：

▷ 过去发生的事情有哪些是我的原因造成的？

▷ 这些原因当中，我可以改进的部分是哪些？

▷ 从这一事件当中，我积累了哪些经验？

▷ 如果下次面临同样的情况，我该如何去做？

苦不能白吃，关键是吃一堑，长一智。

如果你真的这么去调整认知，去做了，那么，你很有可能像文中列举的人一样在下半场迎来开挂的人生！

阅+

遇到困难，成熟的人会怎么做？

第一阶段，情绪抒发期。该痛苦就痛苦，该流泪就流泪，该倾诉就倾诉，不压抑自己，但同时不放纵扩大情绪。

第二阶段，情绪稍稍平复之后，总结反思阶段。

· 过去发生的事情有哪些是我的原因造成的？

· 这些原因当中，我可以改进的部分是哪些？

· 从这一事件当中，我积累了哪些经验？

· 如果下次面临同样的情况，我该如何去做？

第三阶段，动手阶段。过去的事情到此为止，从现在起，我能做什么去改变现状（如果身心状况欠佳，允许自己休息，以待时机成熟再着手）？

还记得那些年陪过你的人吗?
| 关于高质量陪伴的姿势

你迷了路，不知该去向何方，

我也不知道你会有怎样的生命体验，但我可以陪你一段路。

我有个闺密，姑且叫她 M 小姐。

大学时代我俩很要好，我们曾经一起备战英语四六级，一起在学校外的大排档吃吃喝喝，有时候碰上铁门关了，还一起翻进去，然后，偶尔还在我宿舍混着睡觉。

后来，又一起混进了学校最好的社团，一起搭档，度过了人生最美妙的一段时光。

我们几乎共享了彼此大部分的秘密，见证了彼此最光鲜又最挫败的一面。

再后来，因为不在一个城市生活，联系就渐渐少了。

最近，她遇到点情绪上的困扰。

在彷徨又着急的情绪中，很多次她都问我该怎么办。

我对她说："最关键的还是你自己，我唯一能做的是，无论你什么时候想聊天，都可以来找我，让我陪着你。"

我们就这样随着她情绪的起落慢慢聊着。

有一天，她突然就在微信里语音，哽咽、哭泣：“我们的友情已经十几年了，曾经是那么的接近，在你最难的时候，我没有陪在你身边，现在才知道，当时你云淡风轻地说没事，其实是多么需要有人陪伴。”

“这不怪你，因为当时你不懂。”

她对我的感激，让我也在内心里忆起那些在生命的低潮期陪伴过我的人。

在一个人陷入困境的时候，我们去陪伴 Ta，其实不需要太多的言语交流，就能够帮助 Ta 减少孤独感，甚至找到勇气走出困境。

无论是家人朋友还是孩子的成长，陪伴的力量都不可忽视。

那么，对一个在困境中的人，除了实际行动上给予支持外，什么才是精神上的高质量陪伴呢？

倾听比回应更重要

M 小姐其实曾经试过向身边人倾诉，对方说：“你这都不算事！”“你这算什么，我当时……”

她倾诉的心瞬间被阻隔了。

是不是很熟悉呢？

当你在跟对方倾诉或者分享一件事情的时候，你很容易听到这种语言。

人与人性格不相同，确实存在你认为是天大的事情，在对方看来不算个事的情况。

只是，当有人跟你分享或者倾诉一件事情或者情绪的时候，代表着 Ta 对你的信任。

Ta 为你打开一扇沟通的窗户，你却残忍地把它关上了。

心理咨询的一个原则是“共情”，即要求心理医生能设身处地地站在来访者的角度，感受 Ta 的体验。

共情，是心理咨询一个基本的要求，却是最难的一部分。为什么呢？

因为心理医生见过太多的个案，往往容易在来访者刚刚开始说的时候就按图索骥下诊断，甚至还没等来访者说完就已经下了判断。

对于普通人的陪伴而言，也容易犯这个毛病。

我们会按照自己的理解去否认对方的情绪和感受，冲锋似的给出解决策略。

殊不知对方并不要听你的建议，在 Ta 心底，其实很清楚自己要怎么做。只不过 Ta 还在情绪当中，这股力量需要被疏解出去。

首要的，你还是要看见，也就是我们常常说的“穿对方的鞋”。

最好的办法就是认真听 Ta 的倾诉，温暖地陪伴，同时积极地予以回应，哪怕在你的理解中，有些认知是歪曲的。甚至，你什么都不用说，静静地听着就好。

你得首先愿意倾听，并且看见或者体会到那些情绪和感受。

如果你去看心理学大师罗杰斯的咨询个案记录，会发现他说得最多的就是“嗯”。

很好，在陪伴的时候，有时候我们就是要说这个“嗯”。一个嗯，代表我在听，也代表我与你在一起。这就够了。

M 小姐其实是相当智慧的人，她对我说：“我其实不是在解决什么问题，而是在完成一场自我救赎。”

我深表认同。

解决自我困扰的过程，每个人都需要孤独地走过，这个过程中，如果有一份来自亲近的人的理解让我们感受到自己不那么孤独，那是多么幸福的事情，这个透悟的过程，也将成为一次绝美的精神之旅。

轻易评判，会切断沟通的桥梁

犹太哲学家马丁布伯说，关系分为两种：我与你，我与它。

当我放下预期和目的，以我的全部本真与一个人或事物建立关系时，我就会与这个存在的全部本真相遇，这种没有任何预期和目的的关系，即是我与你的关系。

在我们陪伴一个人的时候，容易出现的另外一种现象就是，会不断地进行评判。

不知道你是否觉察，你的大脑基本是分分秒秒做着评判，永不停息。

这种评判的标准，有时候来自文化熏陶或者是权威。

某位知名人士如何说，某本经典里如何说，这不符合道德……

有时候，来自个人经验和外界对你的催眠。

据我了解，按照我的观察，你这人就是……

在倾听对方的时候，更容易如此。

孩子兴冲冲地跟你说：“妈妈，我知道牛奶吐司怎么做了，今天那个游戏里有教我怎么做，第一步……”

你一听“游戏”两个敏感字眼，马上开始了：“你怎么又玩游戏了？不是说了玩多了对眼睛不好吗？你就不能看看书吗？”

……

孩子大了，渐渐不再跟你交流他的真实想法。

妻子跟你抱怨她在单位遭受的不公。

你说：“这么点鸡毛蒜皮的小事你也放在心上，我在单位还不是遇到一堆委屈，我给谁说去？你还不如多学习多提升自己早点离开这个单位！”

你用“鸡毛蒜皮”定义了她的胸襟，瞬间，沟通的桥梁被切断。

如果她继续说下去，显得她心眼太小，如果她不说，她的不开心得不到扭转，于是，她可能会选择自我消化或者不再与你分享真实的情绪。

如何做到高质量的陪伴？

当我们放下所有的要求、控制、评价，只是单纯看见对方当下的样子，当下的感受，并愿意和这个真实的人在一起，分享时光，这就是真正的陪伴。

这种陪伴，无论对自己还是对方，都是巨大的滋养疗愈，会让我们成为彼此密不可分的一部分。

这其实并不容易做到，因为我们的大脑实在是太喋喋不休了。

我们需要掌握一些方法去进行觉知或者提升身体和意识能量水平的训练。

还未曾关注过这些领域的人，至少先有个意识，其实生命真的是很个人化的东西，我们无权也没有能力去评判自己和他人。

哪怕是好的咨询师，也只能试着去融入对方，和来访者一起探讨可能性，发掘彼此未曾意识到的东西，而不是帮对方做一个判断。

不妨，在面对你不曾体验过的事情或者情绪的时候，试着，多听听，多觉察一下。

下次当你忍不住要把“你这是……”说出口的时候，等等看，说一句“哦，是吗？”

抑或是什么都不说，什么都不做，保持静默。

在最困难的时候，你在我身边，这就足够了。

阅+

什么样的陪伴更有效？

- 我倾听你的诉说，并毫无评判地接受，不垢不净。
- 我站在你的立场里尽力理解你，感受你。
- 给你温暖的拥抱（真实的或者精神上的）。

你对金钱的态度，呈现了你的内心

中国人对待金钱的态度，很多人都摆脱不了“爱存钱”“舍不得花钱”的形象。

前阵子，有一条引发了关于“存款”这个话题讨论的微博。

在这条微博下，我看到了当下部分年轻人的“存款现状”，比如：

“谁说的！谁说我没积蓄！我公交卡里还三十几块钱呢，我王者荣耀里的一万多金币，我斗地主斗来的十几万个欢乐豆，不是我宝贵的财富吗！”

“钱嘛，放哪儿不是一样吗？存银行也是存，存衣柜里也是存，存主机里也是存，存化妆台里也是存，没毛病啊……”

……

2017 年 10 月，中国青少年研究中心发布的数据显示，52.6% 的“90 后”没有存款，而没有存款的“00 后”只有三成。

年纪最大的“90 后”工作的时间，算一算也有四五年了，而年纪最小的一批“90 后”基本已经迈进了大学的门槛，为什么他们的存款现状呈现出这样的态势？

为什么我们存不下钱？

年轻人存不下钱，原因是显而易见的。

▸ 收入不高，生活成本较高

年轻人刚刚工作，大多数是单位的底层员工，满足基本消费之后，能剩下的并不多，有的人甚至是负增长。存款对他们来说，是几年后才能考虑的事情。

▸ 消费方式便捷，刺激手段升级

在这个世界，只要你一睁开眼，几乎立刻就有人提醒你：要舍得花钱。

小到用什么样的洗面奶、剃须刀，吃什么样的早餐更有营养，大到买什么样的手机更酷，去哪个国家旅行更有趣。

总有人不厌其烦地告诉你：要舍得对自己投资，要对自己好一点。于是他们把二维码、免密支付送到你面前，你动动手指，所需要的东西就乖乖来到你面前了，但当你低头一看，余额又触目惊心了，还款日期又到了。

▸ 消费观较之于父母，已经发生较大变化

父辈因为曾经经历过物质极度匮乏的时期，储蓄成了他们追求安全感的重要来源，于是他们不自觉地就会居安思危，用储蓄来降低未来可能面临的风险。

但年青一代，不少人在经济条件较好的家庭长大，从小没有缺过吃穿，喜欢尝试新事物，对生活质量要求也更高。面对省吃俭用存钱也赶不上的房价，好好吃一顿、买件喜欢的东西及时满足自我成了更为现实的选择。

我们还需要存钱吗？

年轻人敢花钱、不存钱，不能说就一定不对。从某种意义上来说，年轻人较之于 20 世纪五六十年代的父母而言，内心的匮乏感已经少了很多。对未来不那么恐慌，不需要靠囤积物件或者金钱来维持内心的安定感。这也是一种进步。

但我们也需要一定的积蓄来应对未来可能会有的突发状况，金钱，有时候也是你的一种底气。

还记得《欢乐颂》里的樊胜美吗？她月入过万，衣着时尚，但繁重的家庭负担掏空了她，以致她根本就没有存款来为自己的未来打算。

当她的爸爸中风卧床急需钱做手术的时候，她唯一能做的只有打一通通电话给 99% 不会帮她的“× 总”“× 经理”……绝望的樊胜美，令人心疼。

适当地存一些钱有利于增加我们的安全感，并让我们在人生中多一些选择的可能性。

怎样玩高级存钱法？

金钱是一种工具，也是一种能量，它是中性的，无所谓好与坏。

金钱代表着生产力，代表着爱，它最大的特点在于，它在流动中增值。金钱的这个特性决定了我们需要面对它的态度：

▸ 敢于把钱“存”在别人那里

生活中你一定见过在菜场为了几毛钱跟摊主吵翻天的人，什么都要买最便宜的。但一般情况下，这种人能积累一些小钱，却成不了富有的人。

他们的内心匮乏感严重，也十分封闭，总是想着“你休想从我这里赚钱，我要用最少的钱买到最好的东西”。

《人民的名义》中最精彩的场景，当属赵德汉被查出来在别墅中藏有巨款的一幕：墙上、床上、冰箱里，凡是能装钱的地方，满满的都是钱。

面对检察官，赵德汉说：“只是喜欢把钱收集起来，一张不花，我爱的是在别墅里闻闻钱味！我坐在这看着这些钱哪，就跟小时候在地头，看着要丰收的庄稼一样。”

内心匮乏的赵德汉只能囤积不能花费的“存钱”方式并没有给他带来真正的幸福感。

我曾经仔细观察过不下 10 个现在十分富有的朋友，他们都有个共同的特点：不管他们手上是否有钱，他们都十分慷慨。他们很愿意“让别人赚到钱”，也很相信凭借自己的能力能赚到钱。

他们知道一个秘诀，要想自己“存”到钱，首先要解决别人的需求，为别人提供价值，你自然而然地会有钱进账。不是想着囤积，而是想着替别人解决需求，这种人往往更容易把钱存进自己的口袋。

▸敢于把钱“存”在自己身上

1845 年，美国著名学者梭罗，只带了一把斧头，到瓦尔登湖畔建了一间小木屋，独居了 2 年 2 个月零 2 天，以验证他所悟出的人生真谛：“如果一个人，能满足于基本生活所需，便可以更从容、更充实地享受人生。”

体验结果，正如他所说：**“一个人，放下得越多，越富有。”**

在物质生活高度发达的今天，人们却发现幸福感并没有同步上升。人们开始反思，占有更多的金钱和物质是否就意味着快乐，还是说，生活中大多数东西不是我们真正需要的，反而捆绑和消耗了我们的精力？

虽然对于还未曾好好享受物质生活的年轻人而言，可能是一个挑战。但我们仍然有必要学习放弃一些随大溜和被广告鼓动的消费，更多地把钱“存”在自己身上。

你可以制订理财计划，每个月定存。比方说，将自己的消费支出分为生活必需消费、学习提升消费、定存三部分。

每个月工资到手之后，强制性储蓄一部分进入“定存”，这部分定存的资金哪怕是 500 元都值得存下来，你还可以学习一些理财知识，选择合适的投资方式，管理好自己手头的财产，让钱增值。

“存”在自己身上还有一层含义是指舍弃不必要的外在消费，把钱花在提升自己的领域，这是你让自己更值钱的一个重要的方法。

很多人在购买电子产品的时候一掷千金，但是却嫌弃书本贵，到处蹭免费课。其实，相对于已经有一定经济基础的中老年人而言，年轻人更多需要把钱花在能开阔自己眼界、提升自己智慧的领域，这或许是一个培训课程，或许是一次游学。

▸敢于把钱“存”在美好的信念里

我们对于金钱，或多或少都有一些评判的标签。我曾经做过对金钱的信念检视，当我遵从自己的直觉，第一反应出来的关于金钱的信念竟然是“舍不得”。

我仔细地回顾了这种信念的来源，发现这来自从小身边人的影响，也来自过往的一些经历。

“钱很重要，没有钱寸步难行。”

“我这人最不愿意欠别人钱。”

所以我一直不太愿意接受别人的好意，并且不敢冒险投资。实际上，要想跟金钱保持良好的关系，得有一些关于金钱的美好信念。

随着我对金钱本质的理解，较之于过往，我变得敞开了：敢于心安理得地接受他人的馈赠；敢于“承受”失去金钱的可能性。

这实际上体现了两个方面的改变，较之于过往，我变得更加敢于接受金钱的流入，并且敢于接受金钱的流出（这并不仅仅体现在实质性的金钱上）。

在这种信念的转变下，我比以前更大方，更敢给自己和他人花钱，然而我的财富却在增长。为什么呢？

因为金钱流出的时候，我愿意“舍”，流向我的时候，我这个“容器”发生了变化，我承接得住，我“存”得下。

仔细观察那些敢做大生意的人，其实他们背后的恐惧感较之于一般人，的确是少很多，他们相信自己可以赚到钱，相信金钱的美好。也就是说，他们有这个承受力，存钱的“容器”够大。

金钱，不仅对年轻人，而是对所有的人的一个课题。对金钱的态度，往往体现了一个人能量水平的高低。

在与金钱的关系中重新看到真正的自己，并以金钱为媒介彰显灵魂的真诚与完整，这一切所带来的喜悦，正是对人们最美好的回报。

阅+

让金钱增值的秘诀是什么？

金钱是一种能量，其增值的秘诀在于：

- 在流动中增值（不囤积，有舍有得）。
- 有“舍”才有“得”（大方一些，特别是用于帮助他人或者亲近有智慧的人）。
- 把存钱罐变大（取之有道，修心，提高承受力）。

斜杠青年——你值得体验多样化的人生

周末与几个校友聚会，共同策划一些活动。

大家来自各行各业，成长轨迹迥异，但因为有共同的校园经历，席间相谈甚欢。

结束之后，跟一个到上海工作两年的师妹一同回家。她不断地感慨：“我发现，在上海这种城市，很多人都有多重身份。他们所赖以生存的东西，已经不仅仅局限于第一职业了。”

仔细想想，还真是那么回事情。

不光是上海，其他的城市也一样。在这样一个时代，工作的方式和赚钱渠道正在多元化。

如果你再跟不上这种发展趋势，你不仅有可能在物质生活方面较为窘迫，更重要的是，你将成为一个体验经历十分单一的人。

什么是真正的“稳定”？

A 大学老师 + 旅游中介 + 社团骨干

就拿席间碰到的一位师姐而言，她本身是大学老师，工作稳定，时间相对自由。除了大学老师这个角色，她还做着出国旅游和留学的中介服务。

借着这种机会，她经常出国晃一圈，此外，她还在一些社会组织中担任角色，无论是从经济收入上来说还是生活丰富程度而言，她都是丰收者。

B 行政人员 + 多元投资者

B 是个在体制内工作的朋友，本职工作很忙碌，经常需要与不同的客户打交道，练就了她出色的沟通能力。

因为她为人仗义大方，虽然来上海的时间并不是很长，很快交到很好的朋友，合伙投资了公寓。

随着上海外来人口激增，公寓生意很好，她又和朋友合伙投资了第二个、第三个。此外，她还投资了美容行业。

有的人可能认为她起步资金很大。其实她也就是普通的工薪阶层，最开始的投资也是从几万元开始的。

虽然每一个领域她的投资都不是太多，并且也有失败的经历，但是因为她的大胆尝试，她本职工作以外的分红收入是她工资的好几倍。

面对职场的倾轧斗争，她显得超脱很多，因为，哪天不开心了她可以不干，仍然可以轻松养活自己。

C 外企员工 + 时间管理达人 + 公号运营者

前不久我参加了一个付费的时间管理课程，讲课的老师也是时下流行的“斜杠青年”。

本职工作在一家外企上班，一开始是客服的岗位，后来因为一直坚持学习英语，英文水平较好，争取到了一个知名外企的面试机会，成为这家公司的员工。

再后来，因为公司工作很忙，她自己既要当好老板的好员工，又要当好妈妈，好妻子，就开始研究并实践更为合理的时间管理方法。在学习了大量的书籍和课程之后，她非常妥帖地安排了自己的生活，并且还开设了职场公众号。

后来，她开始在线上分享自己的时间管理经验和方法，因为反响良好，很多朋友建议她开设付费课程。

再后来，她的这种爱好和兴趣所带来的收入远远超过她的本职工作收入。索性到最后，她辞去了本职工作，专心开发和设计自己的课程，自己做老板，年入百万。

跟大家分享这些真实的故事，其实是想启发一下大家的思维。在上一代人的普遍观念里，好好读大学，找个体面的工作，相对稳定地工作一辈子，这就是非常符合他们心意的事情了。

如果不是“朝九晚五”，在他们眼中就是“不务正业”。

可是，你是否想过，为什么他们那么在乎形式或者组织上的“稳定”？

原因跟他们这一代人的成长经历非常相关。在他们读书的大好年华，很多家庭没有条件提供读书机会。

通过读书改变命运，在他们看来，是非常值得羡慕的事情。

所以，到了孩子的这一代人，鼓励孩子好好读书，克服困难支持孩子读书就成了最合理的选择。

等到他们工作的时候，能够选择的机会并不多，到了中年，碰上曾经看起来不可一世的企业倒闭，只有体制内的工作在当时没有受到真正的冲击。

经历或者目睹了这些不稳定，选择一份朝九晚五“稳定”的工作就成了他们给孩子的最靠谱的建议。

他们的内心，藏着太多“没有饭吃的恐惧”，并且，把这种恐惧深深地传给了下一代。

如何成为斜杠青年？

可是，时代真的非常不同了。

随着互联网的发展，诞生了前所未有的工作岗位和赚钱方式。

我清楚地记得，大约十五六年前，那时我刚进大学不久，学校内推出了电子商务的雏形，提供校园内网上购物，当时我是学生记者，为了做好这个新生事物的报道，我在网上下单，等我快骑车到宿舍的时候，竟然碰上了给我送货的几个师兄，因为很巧，干脆就一起采访聊天了。

当时的我虽然在做报道，但绝对没想到今天人们的购物习惯会演变到“凡是能在网上搞定的，绝不去实体店”的地步。

不难发现，如今的现状是：

一个拥有上百名记者编辑加各种后勤人员的传媒组织盈利能力还比不过一个只有几个人的小团队的知名公众号；

一个网红在一个晚上的收入往往盖过一般人全年的收入；

一门含金量高的课程一次售卖就可以卖出 200 多万的数据；

一个投资虚拟货币的玩家可以几年内连买 4 套房子；

一个全职妈妈可以通过开微店赚得比先生还多……

而有些人，因为故步自封，不敢尝试，对这些多元化的工作方式竟然还存有鄙夷之情。

在这样的一个时代，如果你还守着自己的一亩三分地，过得怡然自得，那当然是极为可贵的，也是一种享受。

但如果你日复一日地工作生活，并没有从中感受到太多乐趣，总觉得生活缺了点什么，那么，建议你不妨给自己一些尝试新鲜领域，“不务正业”的机会。

▸ 静下心来观察自己到底喜欢什么

很多人都反映，这个问题是最难回答的。其实也不奇怪，我们的成长和教育环境往往让你放弃有自己的想法，选择随大溜，“这样才对”“那样不行”的声音从你生下来开始就没有停止过。

天长日久，你对于自己的需求和兴趣早已经渐渐模糊。就算是曾经有过的一些爱好和兴趣，也随着各种“不务正业”的打压渐渐远去。能在很小的时候就知道自己喜欢干什么并且得到支持的孩子，是十分幸福的。

我记得当我在大学捧着《西方哲学史》这种形而上的书来看的时候，经常会听到这种声音“这种书有什么用？为什么不去学学英语”？

但是到了 30+ 以后，我最喜欢看的书，仍然是一些十分形而上的书，我在其中找到大量不可言说的乐趣。

一个同事，之前一直很八卦，对娱乐圈如数家珍，经常在讨论八卦，后来，她做了一个八卦类公众号，已在行业内有一定地位，后来，干脆辞职专心去做了。从斜杠爱好变成了主业。

当你不清楚自己喜欢什么，也不用着急，觉得什么让你放松快乐就去做，不执着于结果。无论你的这种兴趣爱好看起来多么不靠谱或者多么没有回报都没关系，仅仅是喜欢就好。

▶ 不要等条件成熟，边做边创造条件

有的人知道自己感兴趣的方向，但是，一直对人说，我还没准备好，我没有多少时间。可是，这种人缺的往往并不是时间和资源，而是动力。

就举我自己的例子来说，我也要上班，还有个 5 岁的孩子，有人问我怎么会有时间来写文章，维护公众号。

关于写稿这件事情，我是这么处理的，有碎片化的时间，我就会写一点，有整段的时间，我再进行梳理。早上 5 点写过稿，凌晨 1 点也写过。编排公众号也是从一点不会到掌握一些基本技巧。

当然，我其实并不是勤奋的类型，还做不到高产高频率更新。但我能保证的一点就是，每一篇文章都是用心的原创。用心读文的人，自然会感受得到。

事情停留在头脑中，永远无法变成现实，如果是我们不计较结果地往前走，你往往会在执行过程中发现你所欠缺的部分，从而根据这种欠缺去创造条件，争取把事情做得更好。

当你真心想做一件事情，并且拥有一个较大的格局而不仅仅是出于私欲的时候，各种资源都会自动涌向你。

▶ **不急于给自己下定义，贴标签**

关于第一职业之外的探索，不少人有跃跃欲试的冲动，但往往还没开始就对自己说："我不行，我没有你那样的冲劲。""我这人没啥特长，能干啥呢？"……其实这都是标签好吗？

能力不够，我们可以学，但你自愿把自己困在圈里又艳羡别人，那就没办法了。

藏在这背后的往往是：

▷ 安于现状，不想离开舒适区

当然，真的安好，我们是非常鼓励的。内心是否"安"只有自己知道。你不太可能一边什么都不做一边羡慕别人把日子过得风生水起。

▷ 恐惧变动，害怕失败

还没尝试，你先在头脑中下了一个紧箍咒"我不行，我干不好"，实质上是"我害怕，我承担不了失败""我怕别人笑话我"。嘿，放松点，你没那么重要，没有那么多人关注你。你失败了，更不是一件可耻的事情。

▷ 急于求成，太计较回报

其实我们做职业之外的尝试，并不意味着所有的事情都要有结果。

于我而言，我更看重体验的丰富性以及所做的事情带来的价值感。如果在这两方面能够有所收获，那么，有没有结果便不是最重要的标准，是否有经济上的回报也不是我最看重的点。

试着用游戏的心态去玩，越轻松，能量越容易得到提升，事情的开展，也往往越顺利。

阅+

为什么要拉开斜杠生活？

斜杠之意义，在于丰富我们的生活，在于探索更多的人生可能，在于发现你自己的真爱。

记住：

- 静下心来观察自己到底喜欢什么。
- 不要等条件成熟，边做边创造条件。
- 不急于给自己下定义，贴标签。

Chapter 6

活成一束光，照亮你的所在

人生说到底，是一场与自己的和解

前几日，参加了一个房树人心理沙龙，参加的人大多工作稳定，家庭完整，属于压力源较少的类型。但是，从大家呈上来的画看，几乎每个人的画中都透着较强的心理冲突。

席间与人感慨，我们并没有随着年纪的增长而天然地变成通透、智慧的人，反而不少人，年纪越大，想要的越多，失望也越重，特别容易跟自己和这个世界对抗，内心冲突特别大。

这种冲突，或许更多地体现在日常生活当中：

——劳累了一天，你感觉到没了力气，推开门，看着孩子扔了一地的玩具，餐桌上没吃完的剩菜，气不打一处来，冲着孩子吼起来："干吗，快把这收拾好！"

孩子被吓住了，妻子也跑过来数落你，你更生气了，离婚的念头又在心中升起。

——想起被上司批评的委屈，想跳槽又无力，你突然觉得这根本不是你要的生活，感到深深的厌倦……

——眼看着昔日的同学家庭美满，事业有成，你望着这个月横添的账单，想起卧在病床上的亲人，默默地叹口气，再把孩子拾掇好，沉沉地睡去，然后，做了一个美梦。

梦里，你在温馨舒适的环境里，有可爱的家人、众人瞩目的事业……醒来，无尽的惆怅。

或许不管什么年龄阶段的人，都会在内心上演各种冲突戏。

年轻人豪情万丈地想要征服世界，却因为经济上的入不敷出、感情没有方向而挣扎。

中年人因为上有老，下有小，半生已过，自感一事无成而陷入深深的自我否定。

老年人因为儿女不争气，身体衰退得厉害而变得异常担心和恐惧。

但同时你也可以发现，的确有一些人尽管经历坎坷，跟常人比，他们更为豁达和平和。

主持过 13 年春晚的倪萍，曾经是央视的一姐，很多人的梦中情人，但是她在事业最高峰选择了退居幕后。等人们再见到她的时候，发现她从一个魅力四射的美丽女人变成了一位身材发福的老太太。

无论外界有多少她的流言，有多少和她相关的纷争，这么多年来她都始终保持隐忍，不为自己辩解。

直到她登上《朗读者》的舞台，大家才了解到当年是因为儿子患有先天性白内障，有失明危险，她不得不退居幕后专心带儿子到世界各地求医，后来，丈夫也离开了她，为了儿子的治疗费用，她开始接一些并不喜欢的角色，赚快钱，以便更好地照顾儿子，最困难的时候，她四处借钱，甚至为了节省费用抱着儿子在车里坐一夜。

十多年她独自一人承受着这一切。然而人们发现，经过岁月的磨砺，此时的她，并没有多少对命运安排的不甘心和挣扎，反而是十分的通透而平和。

面对别人指责她发胖的问题，她哈哈一笑，坦然地告诉大家，也曾试过减肥，但没有效果。

52 岁那年她还出版了《姥姥语录》，透着生活中的大智慧，配的图是她亲手所画。在画里，我们看到了她对生命的热爱，对生活的感悟。

人生说到底，是一场与自己的和解。

能有这种状态的人，若不是天性乐观豁达，大抵也是经过自我探寻，寻找到了让自己心安的方法。或是在苦难和挫折中汲取了营养，既深深地了解了自己，也明白了可为与不可为之处，转而变得平实、接地气。或是明白了不完美也是一种完美，于是乎，渐渐地柔软起来，不再踮着脚，想要跟这个世界对抗。

这样的人，通常拥有这样的特征：

▷ 遇事波澜不惊，觉得天塌不下来。

▷ 对人性和世界有基本的了解，但仍然热爱生活。

▷ 愿赌服输，能为自己的选择负责。

▷ 能坦然接受自己，内外都开始柔软。

也许你我还在探寻这种状态的路上，借鉴那些智慧通达人的经验，可以一起学习：

拥抱自己，活出生命之美

在我们长大的过程中，总有这样那样的人抑或是教育和文化告诉你，你需要成为某种值得期待的样子，拥有更多的金钱，更好的地位。于是乎，每个人心中貌似就有了目标：生活富裕，家庭和美，事业有成，还不能忘记貌美如花。

如果不是如此，就开始一轮又一轮的比较，然后觉得自己特别失败，以致不断开展自我攻击。

然而，正像克里希纳穆提所说："理想并非是实际之物，如果你想把自我改变成理想的形象，这其中是没有任何变化可言的，只是包装改变而已。它只是在追求一种自我投射，延迟对'真我'的了解。"

生命绝非这么浅薄，那个真实而非他人眼中完美的你其实更有力量、更有生机，在不完美中看见完美，熠熠生辉。

艾丽莎维塔·布洛科娃是加拿大安大略省的一名模特，有着漂亮面容和一个爱她的男友，可谓拥有了年轻女孩子期盼的大多数东西。2014 年她怀孕了，但她的下颌生了恶性肿瘤，必须尽快治疗。面对命运突然扇来的响亮耳光，布洛科娃说："我告诉自己，无论命运的商店将向我兜售什么，我都决定接受下来。"

她的下颌被切掉了 95%。下排牙齿只留下了 4 颗。她的喉咙上有一个疤、右肩下面是一条巨大的疤痕。这位美丽的女人第一次发现，面对镜子是一件多么需要勇气的事。然而，她不仅接纳了自己不再如初的容颜，还冒着风险生下了孩子，并且在摄影师的帮助下，她拍摄了一系列肖像，将巨大的伤疤暴露在人们眼前，这似乎并不影响她的美丽，反而让美透露出一股生猛的力量。

她不回避过去。她的 instagram 上有一张图片配文写道："生存是美丽的。"

看到过一些与她类似的故事，我非常动容，当姑娘们不惜裸贷整容改变自己去迎合大众审美的时候，她们却勇敢地拥抱了自己，并且将这一切呈现在世人面前。

事实上，每个缺点背后都隐藏着优点，每个阴暗面都对应着一个生命的礼物，只有真心拥抱它，我们才能活出完整的生命。当我们接纳了那个真正的自己，不再和自己对抗，身心就开始柔软起来，能量能顺畅地流淌，生命的美，就这样被彰显。

放弃完美，不为难自己

在成长过程中，或许我们一直是优秀的，但这从另外一面，容易让我们只能接受自己完美的人设。我们在做很多事情的时候，事先给自己设定了很多框框，一定要达到预期的才能够接受，不那样做，或者是没能达到那种程度，自己便无法接受。然而，或许我们真的可以松弛一些，根据自己的实际情况尽力就好，没必要为难自己。

我一个朋友，自己带着一个一年级的小朋友，还是一个业余写作者，送孩子上学上兴趣班，做好吃的，辅导作业，还需要按时工作，写文，等等，再加上大大小小的家务，工作量可想而知。很多人都说很佩服她，能玩得转。她说，秘诀很简单：放弃完美，不为难自己。

"我可能没法提供精美的早餐给孩子，那就有时间就做，没时间就买。因为没空接他，就送去晚托班，因为来不及看老师的各种任务，经常会错过或者完不成，那就随他去。因为时间紧张，就推掉一些工作和任务，哪怕错失机会。没时间做家务，就一周打扫一次。”

她说她想明白了一件事：孩子有他自己的命运，不饿着冻着他，安全就好，别人家庭是至少 3 对 1，而她是 1 对 1 而已，搞不了那么精细。至于工作，尽力做到能达到的程度即可。

在这种不为难自己的思维下，她不仅顺利地完成了每天的既定任务，还坚持了运动、发展自己的兴趣爱好。

“人嘛，之所以痛苦更多的是因为跟自己过不去，自己心里安了，都好说。”

我们每个人，都在不同处境里生活着，根据自己的情况和需求，按照自己的步伐去走，心会更安稳。当然，这需要一些勇气。

放空自身，从情绪中抽离

哈佛大学的一项研究表明，人类每天花在思索上所用的时间大概是 47%。这意味着，你每天有接近一半的时间，都大大消耗在头脑层面的游戏上，不是在追忆过去，后悔莫及，就是在担忧接下来要完成的事情，抑或是陷在纷繁复杂的情感中无法自拔。

你觉得肚子好饿，一盘美食在前，你还在思考着刚才做陈述的时候自己的表现是否完美，ppt 是否完整，完全忘记了眼前这盘菜是经过农民辛勤种植培育，天地深深孕育，再经过厨师精心烹调而来。此刻的就餐就变成了充饥，而不是享受美食。

所以，我们每天需要有意识地花一点时间练习自己专注在当下，哪怕只有几分钟，在那样的时刻里，像孩子般专注于眼前的事。恋爱就恋爱，吃饭就吃饭，睡觉就睡觉。

也可以有意识地每天安排时间放空自己，发发呆，散散步，冥想，静坐，选择喜欢的方式就好。静心需要不断地关注，不断地觉察自我的每一句话每个一意念每一丝情感，而不加责难和评判，时间长了，自我觉察的能力就会逐步提高，也能更容易从情绪当中抽离，让自己平和。

杨绛先生说："一个人经过不同程度的锻炼，就获得不同程度的修养，不同程度的收益。好比香料，捣得越碎，磨得越细，香得愈浓烈。"

在探索人生的路上，或许我们每个人都会有这样那样的迷茫，忍受这样那样的痛苦，经历这样那样的困难，然而，若是我们能从这些东西中汲取营养，化作养料，将自己从璞玉打磨成美玉，这才是真正的智慧啊。

我所理解的"与自己和解、不为难自己"是：面对生命的各种馈赠一一摊开手接着，不逃避不怨天尤人；在看清人生不易之后，依然能全心投入生活，认真而负责地活；遵循自己内心需求，按照自己的步伐去活出完整的生命。如此这般，想与智慧无缘，都难。

阅+

我们应该如何试着关爱自己的身心？

▮▮ 听见身体的呼唤。

我们拼命奔跑，肯定不是为了早早结束自己的生命。如果身体已经发出呐喊，请重视它。

▮▮ 允许自己休息。

记得放空，运动，旅行，甚至发呆晒太阳，都可以，重要的是，留一段时间给自己，让自己静下来。

▮▮ 尝试去做自己真正喜欢的事。

做喜欢的事，往往不觉得“耗”。你得努力去寻找那种让你做起来感到很开心，而且愿意一直做下去的事情。你需要从一种被动的努力和心累，切换到主动的享受。

你真的是在乎年纪吗？

年龄翻过 30+，跟朋友聊天，你经常可以听到这样的话："我都这把年纪了，还折腾啥？""如果我再年轻点，我就去学钢琴、学画画……"

又或者，走在地铁和公交里，你会听见年纪稍长的人说："老喽，不中用了，只要儿女好就行。"

每次听到这种话，我都会抬起头认真打量对方几眼，说这话的人其实大多身体健康，出行便利，并没有显得老态龙钟，但不管 Ta 实际老不老，生理年龄多少岁，在我心目中，都是个名副其实的"老人"。

他们把年纪生生地活成了自己的限制，给自己画了一个大圈。若是逾越，便觉得害怕、缺乏安全感，唯有待在原地，任年华老去，暮气沉沉地走向生命的终点。

当然，如果你真的是安贫乐道，甘心如此，作为一种人生选择，其实无可厚非，这世界有人喜欢平淡，有人喜欢丰富，都是一种自我选择。

怕就怕，你心里想着远方，内心深处渴望着多彩的人生，却迈不开脚下的步子。

你觉得是自己年纪大了。

真的是如此吗?

恐怕未必，当我们给人生设限的时候，请不要以“年纪”作为借口。

因为我相信，做这种选择的人，哪怕在 18 岁时候，有人建议你好好学习，你也会说你已经尽力了，是课业太难。20 岁时，有人让你多学一门技术，你说你缺钱。等到工作了，有人让你好好工作，你说你不喜欢这份工作，做的不是感兴趣的，只是为了养家糊口。一晃 30 岁了，你急匆匆地找个人嫁了娶了，然后又觉得对方不是你心目中的爱人。再然后，你觉得你上有老，下有小，想做的事情好像都做不了。

对这种人而言，似乎做一件事情的条件永远都不成熟，要么在以前，要么在将来，而年纪，成为一个良好的借口。

如果你不幸是这样的人，我们一起来学习一下那些“无龄感”的人的生活方式。

首先来看看摩西奶奶的画。

摩西奶奶是闻名全球的风俗画画家，她的画亲切又美好，你知道她从什么时候才拿起画笔吗?

77 岁!

她一直画到她 101 岁离开人世。在这之前，她像她母亲一样，生了 10 个孩子。她的双手被擦地板、挤牛奶、装蔬菜罐头等琐事所占有。她几乎是属于整个家庭的。

但从 77 岁开始她拿起了画笔，再也没有放下。她从未接受过正规的艺术训练，但对美的热爱使她爆发了惊人的创作力，在 20

多年的绘画生涯中，她共创作了 1600 幅作品。

在她眼里，“任何人都可以作画，任何年龄的人都可以作画”。

如果你觉得你老了学习和记忆力不行，那么我们来看看我国台湾省大地主家庭出身的赵慕鹤的故事。

在 66 岁退休之前，赵慕鹤一直做着一份普通的行政工作。

75 岁，存款又不多，他想去旅行，大家劝他不要去“作死”。但他不这么认为“如果出国一趟要准备很久，要有钱又懂语言，那就三辈子都出不了国！”最后他用了 5 个月，花费 3.2 万，独自一人游历了英、法、德，顺利归来。

87 岁时，重返大学念书。

93 岁他选择到医院当义工。

98 岁他成为全球最老硕士。

读研期间，他每天早上 6 点乘火车到学校，晚上回到家里时已是 9 点。回到家，他还要坚持练 2 个小时的书法。3 年时间，他仅有一次迟到记录，老师发现他进教室走路不对劲，一问才知道他在路上被电动车撞到了，但他拒绝去医院，坚持要把课上完。

“决定做什么事情，就要对自己狠一点，否则什么也做不成。”

如今 105 岁的他，传奇还在继续。

他之所以这么爱学习，是因为他发现了保持年轻的秘诀就是学习，无论是读万卷书还是行万里路，在学习的同时，也收获了精彩的人生。

他们是“无龄感”生活的提倡者和实践者，每每看到这些生理年纪很大而心理年龄却比一般人都年轻的人的故事，我们都会被深深地震撼。

这样的故事其实还有很多，如果你用心留意，也许你的身边就有不少。

有些人，敢于在世人都觉得他该安安分分的时候开始“折腾”。

或是在最安稳的状态里敢于清零，重新出发；

或是排除万难，在把家中老小安顿好之余，还能为了自己真心喜欢的事情去不计回报地付出；

或是在身患癌症之后还能笔耕不辍，爬上唐古拉山拍下最动人的照片……

他们的精彩人生仅仅是因为不在乎“年纪”，而你的裹足不前又仅仅是因为在乎“年纪”吗？

表面上看，是的，你时时刻刻记得自己的年纪，而他们，似乎已经忘记了。

仔细想想，这背后是不是也是一种人生态度的选择？

在大部分人眼里，安稳、平常很重要，但是在他们眼里，丰富、体验更重要，至于你所在乎的年纪、条件，往往并不是他们考虑的重点。

有些人，想法终究只能成为泡影，而他们，想到就去做，把梦想变成了现实。即便是跌跌撞撞，那也是另外一种味道。

除了人生态度的不同，这背后，是不是也藏着害怕失败，害怕尝试的隐忧？

太多东西不会，太多体验未曾涉及，你不知道自己能否把握得了。

哪怕是独自旅行一次，你都觉得困难重重。

面对这个日新月异的世界，你有些惶恐。你所处的境地虽然未必满意，但是让你感觉到熟悉而安全。

于是，你一再对自己说“我不行的，我又学不会”，然后，眼巴巴地看着别人完成在你心目中一个又一个奇迹，而你，只能是艳羡别人。

其实，勇敢地去尝试，你还有机会体验不一样的生活，如果你连尝试的机会都放弃了，真的好可惜。

既然人生难得，下辈子是否还有都不知道，还不如少一些恐惧之心，大胆去碰一碰你想做而未曾开始的事情。

也许你熟悉的事情，恰恰是你需要放弃的，你所害怕的事情，恰恰是你需要尝试的。

一颗开放、充满探索欲的心本身就拥有很高的能量，这也是高级别的养生方式，它会让你变得更年轻。看看那些生活丰富的老人，往往也是身体健康长寿的人。

当你沉浸在创造和享受生命的过程当中，根本无暇顾及年纪，更没有心思去管别人怎么想。

不管你现在多少岁，把那些心中大大小小的梦想梳理一下，一件一件去做，或许，你会找到源源不断的动力。

你的人生是你自己的，靠你一点一点活出来。

阅+

无龄感生活方式有哪些特点？

- 抛开年龄约束，选择真心实意想要过的生活。
- 对世界保有好奇之心，愿意尝鲜。
- 活到老，学到老。
- 挑战不可能，突破一些极限。
- 最重要的一点，从不以年龄为理由，丧失一些可能。

我努力变得更好，
只是为了配得上自己的人生

你努力变得更好，不是为了配得上任何人

孟姑娘是一个什么类型的姑娘呢？

年龄 30+，人长得不错，结过婚，因为前夫又懒又赌博，果断离了，后来碰到爱的人，再婚了。

跟她聊天的时候，她说，她努力地健身、学习，参加各种活动，甚至为了事业上有更好的发展，还抓住了这次到国外的工作机会。

“我小时候家境不好，所以没能获得一些学习机会，所以我现在利用自己的积累进行弥补，学习一切我感兴趣的东西。”

我听得真是交口称赞，满心佩服。

突然，她话锋一转：“这样，我才能配得上他！”

等等，敢情姑娘你做这么多，是为了配得上你的先生吗？

感情说到底是自己的事情，本来人与人之间也没啥真正的“配”不“配”。

就算按照世俗的那一套，把两人往天平上放，这姑娘在我眼中配她先生也是绰绰有余啊。

因为坚持锻炼，她身材火辣，长相年轻。

因为游历过世界各地，她眼界开阔，谈吐不凡。

因为坚持学习，知识储备和薪水也一直在噌噌噌往上涨。

她的先生，虽然拥有着较高的学历和知识分子家庭的出身，但这些东西，并不能够躺吃一辈子。

与妻子相比，他反倒是一个思想较为封闭的人，而且在亲密关系中暴露的问题，还不是那么容易解决的。

可是，这样的姑娘，竟然在内心还觉得自己配不上先生。

我忍不住对她说："你努力让自己变得更好，完全不是要配得上他，而是配得上自己的人生！"

她听到这句，突然就沉默了。

几天之后，她发来了微信："你说得对，我之前一直因为家庭和学历的原因，总觉得自己不够好，努力追求了很多，想配得上我的先生。可实际上，我变得更好只是为了不枉此生而已，跟其他人无关。"

厉害了，word 姐，这姑娘怪不得那么多人爱，实在是很有领悟力。

女为悦己者容

其实，别奇怪，我已经好多次碰到这种案例了。

自身非常优秀，就是对自己不满意。

失恋或者离婚以后，非常努力，但是一个重要的动机就是想配得上伴侣或者跟人赌口气。

一个朋友，已经一路读到美国的博士了，可是，在失恋之后还是觉得是自己配不上前男友，要快马加鞭，提升自己。

在我眼中，这姑娘要人品有人品，要外貌有外貌，除了恋爱经历少点，真是没啥好说的。

姑娘们说要提升自己我举双脚赞成呀。在女性较之于以前任何一个时代都多了很多选择的今天，我们更多地去通过学习、体验丰富自己的人生，这是值得赞美和讴歌的。

然而，我们提升自我，体验人生的目的并不是为了配得上更好的男性呀。

有一天，几位闺密一起在讨论衣服、鞋子等，被一名男性听见了，他说："有什么好打扮的，都结婚了年纪一大把了。"

结果可想而知吧，女人们的口水差点把他淹了。

其中一位闺密义正词严地说："你搞清楚，我喜欢打扮得漂漂亮亮的是因为美美的会让我感到开心快乐，也让别人觉得快乐，这好像跟结婚和年纪没有什么关系吧。"

另一个闺密说得更直接："你不要停留在过去睡大觉好吗，如同男人眼里并不只有女人，女人眼里也不只有男人啊，女为悦己者容！"

向内提升与向外抓取

虽然我常常在文章中更多地以女性的视角去看待问题，但实际上探讨的主题对男女都适用。

无论男女，把自己变得更美更好，或者说发现和忆起自己的美好，并不是为了配得上别人或者去获得某些东西，本质上来说是为了自己。

生命说到底，是个体验过程，就算是你最亲爱的父母家人都无法替代你过完这一生。

我在《**你所全心依托的，恰恰就是禁锢你的所在**》一文中，曾经提到过，“如同父母不能把人生寄托在孩子身上，女人也没法把人生寄托在男人、爱情、婚姻，甚至是事业上”。

有朋友留言问：“那生活中不就这些事情吗？不寄托在这些东西上该寄托在哪里呢？”

其实，不是说你就看淡一切，不去做这些正常人都会做的事情了，而是，这里面有个很重要的区别。

一种是以这些外在的东西为目标，非常用力地追求和“抓取”。

他们会成功吗？

看重爱情的人可能会追求到梦寐以求的感情，但是，还是免不了在各种分分合合中纠结痛苦，无法自拔，甚至留下严重的心理创伤。

看重事业的人不少会迎来世俗意义上的功成名就。

但是，在短暂地得到之后，发现快乐并不能存在多长时间，并且，Ta 的脚步远远地快过了身心，他的身体垮掉了。甚至是，在通往财富自由的路上，死亡先到来了。

为什么呢？因为**非常用力抓取的时候，人会陷入事物当中去，你会被你所抓取的东西控制住，困住，还会伴随着失去的恐惧**。

久而久之，看起来获得了很多东西，但你的身心已经被耗空。

那些“抓取”而不得的人，就更不用说多么沮丧和觉得痛苦了。

还有一种，他们更看重的是生命的体验过程、内在的丰富性，不是以外界定义的成功来定义自己的人生。

或许，他们会在很多个关口做出让人看不懂的选择。

有可能会放弃丰厚的薪水、稳定的生活，清零出发，探索出新的人生领域。

又或者，做着别人不以为然的事情而如痴如醉。

他们不是神仙，世人所在乎的东西他们也在乎，只是，这并不是他们的目标。

你看着他们一直很忙，其实，他们也不过是在人生的长河中，玩乐而已，别人或许觉得辛苦，他们却感觉到充实而快乐。

因为他们并不是那么在意别人怎么看，也不那么在意跟其他人比较，他们更多的是在乎：

我要什么？

我快乐吗？

当人心得到释放，创造力和活力就容易涌现。

或许你会看到，Ta 好像非常轻松地完成了别人难以达到的目标，Ta 需要的人和事，都在不断地涌向 Ta。

真的应了那句，“你真心想做一件事情，上天都会帮你”。

这种人，也往往会吸引到合适的爱人来到身边，也就不存在 Ta 需要追着去“配得上”别人。

Ta 只不过在乐滋滋地享受生命而已。

你也想要这样生活吗？

那么，走起吧！

阅+

如何判断自己是否在“抓取”一件事物？

- 做的过程特别费心费力，并不顺利。
- 自感非常劳累（睡一觉解决不了问题）。
- 内心感到焦虑，超出了自己的承受力。
- 患得患失，失去的时候感到恐惧。

你最应该结婚的对象，是你自己

“一个人的浪漫如果我不爱我自己，那我不会完整。整个宇宙的涅槃。”

Tracy McMillan 是一个结过三次婚又离婚三次的女性。她在 TED 的演讲打动了很多人。

她的母亲是性工作者，父亲是个罪犯，三个月大时她被扔给了寄养中心……Tracy 在 TED 上的演讲上平静地讲述了自己的人生经历。

“从这样的童年经历出来的我，只有一个目标，绝不要再被抛弃。而我达到这个目标的方式，是走进婚姻。”

如果没有人爱我，我就不完整。只要找到人结婚，过去的失败都会变为成功，我是一个值得被爱的人了。抱着这样的想法，Tracy 一次又一次走进她认为“一定会幸福”的婚姻。

Tracy McMillan 以自身的经历告诉大家，她曾经想通过婚姻来解决的安全感、被需要感、被爱等问题都没有解决。

通过很多尝试，犯了无数错误后，她发现一个事实：**如果我不**

爱我自己，那我不会完整。

“能改变我的爱情和生活的，就是‘和自己结婚’这个观点。”

婚姻遇到困境，最常有的想法就是“当初我瞎了眼”

写这个话题时，我在群内做了一个小调查。

关于婚姻，你在结婚前和结婚后的想象和定义是什么？

结婚前：负责任地过日子。

结婚后：不是灵魂伴侣不如没有。

结婚前：找个对你好的人嫁了。

结婚后：婚姻深似海。

结婚前：婚姻中彼此相爱就可以。

结婚后：结婚就是搭伙过日子，可有可无。

结婚前：对我好，无条件地保护支持。

结婚后：差不多就行了。

结婚前：遇一人白头，择一城终老。

结婚后：感觉与结婚前差不多。

不知道即将步入婚姻或者正在婚姻中的你，读到这些随机样本的评价有什么感觉？

除了一个人对自己的婚姻状态比较满意，其他人都透露出凑合、失望、迷茫，甚至是不需要的感觉。

其实就算不做调查，在生活中你也经常可以听到人们对于婚姻和另一半的各种抱怨。

曾遇到一位颇为聊得来的异性朋友。他一直向我抱怨他的妻子。我一向扮演开导者的角色。

“为啥我老婆不像你这么善解人意呢？娶老婆就要娶你这样的人！”

我听了哈哈大笑：“别傻了，你如果把我娶回家，七八年之后，你又会对另一个女人感叹同样的话！或许，还不如现在呢。”

我知道他是玩笑话，但这往往透露出一个很多人常有的思维模式，婚姻里遇到困境的时候，最常有的想法就是：“我怎么会瞎了眼，找了个这样的人。”

这中间，有多少成分是我们找错了人，又有多少成分是我们对婚姻的认知不充足？

婚姻从来不是安全的港湾，也并不都意味着白头偕老

电视剧《我的前半生》里的罗子君，毕业之后仅上了半年班，就嫁为人妇，从此过上衣食无忧的全职家庭妇女的生活。

一切看起来都很完美，经济富足，先生出色，孩子帅气健康，家里有帮佣。

然后，突然有一天，先生与同事好上了，回来提出离婚。

一切美好都瞬间被打破了。

从震惊、失望、委屈、痛苦到抗拒、接纳、臣服，然后又奋起改写人生。

罗子君是幸运的，关键时刻有好朋友引领和帮助，有家人支持，尽管这种支持以并不讨喜的方式展开。

电视剧播出没多久，各种文章都在批判罗子君的不独立和依附。

客观来说，全职太太绝不等于依附，这是家庭双方共同商定的一种模式而已。有帮佣，并不意味着这位全职太太就可以把所有事情委托给她，每个做过母亲的人都明白。

其实，她除了把家庭当作她人生的角斗场外，一直生活在童话里。

以为自己天生就是陈太太，以为这种富足和安宁可以永远，以为那些狗血的故事只会发生在别人家庭，跟自己无关。

所以，陈俊生从某种程度上是她的恩人，他的背叛打醒了她，让她对婚姻，对人性，对自我的认识上升到新的高度。

大伙的目光容易放在她全职太太的身份上。然而，在婚姻中蜷缩着，寻求庇护的并不一定是家庭主妇。

职场上看起来精明独立的男女，往往也以为结婚了意味着安定、祥和、携手互助，可是却很容易发现婚姻跟自己的预设有很大差距，往往还伴随着鸡飞狗跳、相爱相杀，甚至是会经历背叛和暴力。

婚姻之船触礁，并不因为你是不是家庭主妇而有所区别。

男孩子不成熟，父母说：“结了婚就好了。”

女孩子打拼得太辛苦，旁人说：“结了婚，有人一起，就好了。”

可是，这仍然是句骗人的话呢。

结了婚，我们发现不成熟的人，有可能继续是妈宝男，公举女。

结了婚，说好的一起打拼，拼着拼着变成了孑然一身。

婚姻从来不是安全的港湾，也并不都意味着白头偕老。

在婚姻中，我们可能会发现，幼年时引以为傲的聪明脑袋完全派不上用场，这里考验的，是你经营关系的能力，情绪管理的能力，对自我的认识能力。

我们可能发现，你所认识到的你，和你所认识到的他，真的只是冰山一角。

在婚姻内过得幸福的人，大多懂得如何和自己相处

可是，既然婚姻有那么多不确定性，我们为什么还要结婚？

有人回答：“因为相爱，所以想一直在一起，再生几个宝宝，想想都幸福。”

《我的前半生》里的男主角贺涵则说：“人生不易，我们结婚是要一起对抗这种不易。”

他的答案显得赤裸，但是也确实一针见血。

还有一种人，是因为大家都结婚，不结婚压力太大，所以结婚了。

或者出于感情原因，或者出于经济原因，或者出于繁衍需求，无论哪种原因，对大多数人而言，往往都在婚姻中寻求：

▷ 我希望我在婚姻中是被爱的。

▷ 我希望婚姻给予我抵御孤独的力量。

▷ 我希望婚姻让我感觉到安全。

▷ 我希望在婚姻中得到一起面对的力量。

我们可以从婚姻中获取这些东西吗？

答案是某种程度上会，但不是必然的。

这些年观察过身边的幸福婚姻，也接待过很多因为婚姻不如意来咨询的人。听得多了，观察得多了，我发现一个共同的特点：

在婚姻内过得幸福的人，大多懂得如何和自己相处。

我们一辈子都活在各种各样的关系之中。

▷ 与天地万物的关系。

▷ 与他人的关系。

▷ 与自己的关系。

这三种关系中，独立而又相互关联。

与天地父母的连接，会感受到被深爱，被滋养，能够接纳自己，爱自己。

因为爱自己，便能够接纳别人的不足与不完美，与他人更好地相处。

这样的人，往往独处时怡然自得，与他人亲密相处时也相得益彰。

所以，你不要指望通过恋爱或者婚姻来消除你的孤独与寂寞，获得一劳永逸的安全感。这是极为不可靠的一件事情。

事实上，自有人类以来，内心深层次孤独感就没能通过婚姻消除过。

和别人结婚前，先和自己结婚

Tracy 的第一任丈夫是很典型的居家型男人，事业发展也不错，有 MBA 文凭。刚结婚的时候，她幸福感爆棚。“我有家了！我找到归属了！这真的太棒了！”

但 5 年之后，她离开了那个人。

10 年后，她又跟另外一个很棒的人结婚了。这个人，后来成为她 16 岁儿子的爸爸。但 4 年后，她也离开了他。

再然后又过了 8 年，在她 40 岁的时候又结婚了。她的感觉是：好，这次感觉对了！结婚 8 个月后，老公勾搭上了一个 21 岁的女孩。

这一次，她崩溃了。她突然意识到，这么多年来，自己一直都是在为了结婚而结婚。她以为是人找错了，后来，她发现是因为她把原本不应该由婚姻承担的任务强加给了婚姻。

离婚三次之后，她终于找到了解决这个问题的法宝——那就是跟自己结婚。看到内在的完满，与自己确立恋爱关系，然后给自己戴上戒指，你完全地将自己贡献给自己。

在这一信念的指引下，她发现自己越来越快乐，并且在新的约会中不再关心对方是不是喜欢她，更多的是在意自己是否在与对方的关系中感到舒适自然。而对方，非常迷恋她这个状态，双方相处十分开心。

所以，在希望获得一段稳定而长久的关系之前，你或许先要跟自己结婚。

跟自己结婚的意思在于，你培养和自己的关系，从心底里接纳自己的一切，意识到你并不是缺失的，而是圆满的，你将至死不渝地爱自己。

记得曾经看过一系列漫画，大意是我们以为自己是三角形、半圆形等各种形状，在滚动的过程中寻找着自己的另一半，期望和Ta合二为一，变成一个完整的圆。

经历了多次相聚又别离，最后我们居然发现真正的爱情是锦上添花，自己其实已经是一个完整的圆。

我们在一起的最好状态，就是两个独立又相交的圆，而不是以缺失的状态去合一。

一个人的浪漫，是整个宇宙的涅槃

其实，除了与自己结婚，还有更高层次的状态。

我的一位十分通透的老师曾经说过：“一个人的浪漫，是整个宇宙的涅槃。”

她的意思是，我们不仅可以与自己恋爱，更可以尝试与万物恋爱。

日月星辰，一草一木，一花一鸟，何尝不美，何尝不值得恋爱呢？

当你试着拥抱大树，亲吻大地，以恋爱的眼光去看待你周遭的世界，你会在很多个瞬间感受到万物之生机，感受到生命之美。

这样的人，他们能感受到自然之美，更能感受到充满烟火气的生活中的乐。

这样的人，自己都已经生机盎然，几乎就成了爱本身，你又何尝不愿意相守呢？

阅+

我们能通过婚姻抵抗孤独吗？

人类历史上企图靠婚姻来解决深层次的孤独从来都没有成功过。

只有意识到我们就是圆满的存在，婚姻关系是为了更好地遇见自己，才可能真正有能力去经营幸福。

最后，请你在结婚前告诉自己：

- 不管富裕还是贫穷，我都将与自己永结同心。
- 不管是好还是坏，我都将与自己永结同心。
- 不管疾病还是健康，我都将与自己永结同心。

身为女子，我的价值，我说了算

首先，和大家分享一段网上看到的某位男性教导女人如何活得有价值的言论：

▷ 一个女人，若一生生孩子不足两个，那么无论她如何努力，都注定是不幸福的。

▷ 女人要幸福的最佳策略是，选优秀男人，以嫁人为第一目的。

▷ 30 岁前必须要结婚（否则一生几乎就废了。没有老公，没有孩子，等于没有家，野狗那样）。

▷ 女人独立不是荣誉，是可怜可耻的（没有优秀的父母，匹配不到优秀的男人）。

说这话的人，是某互联网大佬，身价不菲。

他号召女性 30 岁之前要结婚，免得没人要。但是据他自己所说跟优质美女生了宝宝，并且没有结婚，而且，还在继续征集美女……

读罢他的言论，很容易就想起来前段时间另一位大 V 的言论。

“作为一个有点儿阅历、有点儿经济基础的老男人，对于我们这种人来说，除非是不想，否则真心没啥泡不上的普通漂亮妞儿，或者说睡上也行。”

尽管他们的言论激起了大部分女性甚至是部分男性的强烈反感，但是他们只不过表达了自己甚至是一部分男人的真实声音，虽然不受待见，但是我们还是尊重他们说话的权利，也没必要去展开人身攻击。

他们从心底里把女人物化，把自己物化，把感情物化，这是他们自己的选择。也的确有女性愿意配合这种人，选择留在他们身边。这是你情我愿的事情，无可厚非。

只是我窃以为，想要培养出他们口中优秀的贵族后代，如果没有人格独立、大气智慧，懂得尊重自己和万物的父母，仅仅靠金钱和智商，这实在是一件很难办到的事情。

但是，尊重他们表达自己真实想法和意愿的权利，不等同于我们认同他们的思想和价值观。

最值得庆幸的是，我们没有生活在奴隶时代，不需要依附男人去生活，也不需要一切听男性的才能活下去。

尽管这个时代，职场女性需要承受多重压力，的确是活得又累又得不到理解，但与过去最大的不同是，我们有选择权。仅这一点，我相信绝大多数女性愿意生活在现在。

我们都是独立的个体，女性的价值，不由男性决定和认可，更不是体现在生育和婚姻上。

有智慧的女人，懂得让自己“舒服”

男性能决定女性的价值吗？

在当今社会，大环境加之于女性的压力、歧视也依然存在，甚至连女性自己都默默地、无意识地接受了很多暗藏着控制的观念。

前不久号称传统文化传播者丁璇的道德讲座内容曾经引起轩然大波。现在回头看看，她的内容又何尝不是跟某些男性的观念惊人一致呢？

▷ 忍让是大智慧，我们女人一定要忍，还有总挨揍、挨人欺负的人，他不爱闹病。

▷ 你家男人是你前世养的一匹马，你是这匹马的主人。前世你打它，这辈子他打你。

好在现在的听众还是有辨别能力的。

无论把故事的外包装换成什么样子，始终改变不了以男性为中心的核心。今时今日，女性是在以实际行动对这一切说“不”。

据世界劳工组织估计，2016 年中国女性的劳动参与率超过 63%（世界平均水平不足 50%），为世界第一，甚至比意大利（58%）、希腊（60%）等发达国家的男性劳动参与率更高。

无论从数据还是从我们的直观感受来看，中国的女性和男性一样，共同地承担着养家的任务，并且在各个领域里发挥着自己的价值。

随着女性经济和精神地位的上升，女性不再是男性的奴隶和依附者，她的价值早就不再由男性决定。

如今，人们口中所不屑的“剩女”多起来了，在某种程度上恰恰是社会的进步。

不是他们口中的“嫁不掉”，而是不为经济原因，不为社会压力而草草嫁人，甚至越来越多女性选择不婚，这都是社会多元化的表现。

尽管不少男性喜欢以占有多少美女资源作为自己是否成功的衡量标准。

但是，对不起，真正独立有智慧的女性不会选择那些贬低女性的男性作为伴侣，更不会把男性的评判标准作为自身价值的衡量标准。

她们更多地，是在乎能否实现自己的梦想，实现自我所赋予的人生价值。

有智慧的女人，拥有独立的价值观

婚姻和生育能力能决定女性的价值吗?

我有个朋友，结婚多年，一直无法生育。有时候很多人会问她:“感觉到有压力吗？”

美女姐姐通常都这么回答别人:“一开始会有些内疚吧。但后来想通了，孩子有时候也是一场缘分，就算没有孩子，我还是那个完整的、独一无二的我啊。”

真是要为她的回答手工点赞。

根据民政部的数据，中国内地的未婚人口（适婚年龄人群）到2015 年年底已经达到 2 亿人。

如果这 2 亿人中的一部分女性选择终生不婚不育，那么这部分女性就是没有价值的吗?

母亲、妻子只是女性众多角色之中的一部分而已。除此之外，女性还可能是女儿、企业家、优秀员工、科学家、发明家、探险爱好者、热心公益者、生活家……

每个人的生命价值都是独立的，婚姻和孩子只是女人的一部分，不能代表女人的全部，更不能拿此来衡量女性的价值。

作为女性自身，如果不把孩子和婚姻当作全部的重心，越看到自身的内在价值，越容易过上有幸福感的生活。

有智慧的女人，不被年龄和外貌所束缚

外貌和年龄能决定女性的价值吗?

前不久在媒体里看到一则新闻，澳大利亚一名年轻的女子在一次火灾中烧伤了全身大部分皮肤。

她一开始非常的沮丧，甚至是想自杀，可是她当时连自杀的能力都没有。

这个时候，她的男朋友给了她最大的鼓励。

一开始，因为她面部有些“难看”，她戴着面罩，不敢见陌生人，可是她的男朋友鼓励她摘下面罩，像常人一样生活。

为了唤起她的力量，并给彼此的爱一个回应，他买来婚纱和戒指，向她求婚了。

在爱人的陪伴和鼓励下，姑娘不仅摘下了面罩，还跟丈夫到世界各地去旅游，参加铁人三项，体验高空飞行，创造了一个又一个常人达不到的奇迹。

当然，我知道，像她这种女性，是某些男性口中的“丑女”，是最没有价值的。

可是，在她爱人和自己以及那些千千万万被打动的人眼中，她却和常人没有什么两样。甚至，她的生命，显出比一般人更深的价值，更动人的力量。

在他们夫妻身上，你看到爱的力量，更看到生命本身深不可测的魅力。

生活在现在的环境里，有人会有意无意地告诉你，女人的主要价值就在于“年轻”“美貌”，没有了“年轻”和“美貌”，几乎就等于没有了一切。

然而不管环境如何，作为女性，我们不能被这种观点催眠。

无论男性和女性，都是这个世界必不可少的一部分，既不存在高下之分，彼此也不是敌人。

仔细观察大自然，上天创造的生命是多么伟大而神奇的存在啊。有男，有女，相爱，繁衍，正是如此，生生不息，绵延不绝。

在我眼中，生命本身都是无价之宝，若是一定要讨论价值，存在本身就拥有至高无上的价值啊。

男性和女性，更多的是应该考虑如何携手起来，共同地爱护我们的家园，关心我们的孩子。

很期待，一批独立、人格健全的父母能够培养出真正懂得尊重对方、尊重万物的孩子，有悲天悯人之心，慈悲，善良，致力于改善我们生存的自然和社会环境，这才是真正的贵族啊。

20 岁的时候，我们有青涩、单纯；

30 岁的时候我们有成熟、知性气质；

40 岁的时候我们有大气从容；

甚至是如同跟友人开玩笑所说那样，

反正我是准备一直做一个有活力有趣的女人，80 岁也一样。

阅+

如果我有个女儿，我会对她说

- 你的存在本身，就是至善，拥有至高无上的价值。
- 不管你是否貌美，是否结婚，你都是完美的。
- 男性既不是女性的依靠，也不是敌人。
- 人不可能试图靠婚恋解决自身问题，但这却是发现和接近自己的良好机会。
- 是否结婚是你的自由。
- 抓住一切可能的机会，去探索生命的各种可能。

无论与谁在一起，我们终将遇见自己

“为什么我见过这么多人，相过那么多亲，却还是不知道要找一个什么样的人？”

面对这种明知道无法回复的问题，我还是给出了一个看似统一却又因人而异的答案：**去找一个能激发你自己美好的人。**

亲近 Ta，亲近善

这世界的确有那么一些人，跟 Ta 在一起，你能看到 Ta 身上的善意与美好，而这种善意和美好，还经常会跟你自己内心的美好相碰撞。

你会觉得，Ta 真好，我也要像 Ta 一样好，而我们在一起，会更好。

有两个真实而温馨的小故事，跟大家分享。

记得，大学时的一位师兄曾给我们讲过他跟夫人相识的过程。

那时候，他们并不认识，刚好参加了同一个公益活动。

夫人是学医学出身。活动中间，有人受伤了，她立马奔过去，查看伤口，到处找包扎用品，又十分耐心地为对方清洗包扎伤口。

当时是盛夏，毒辣的阳光打在她淌着汗水的脸上，忙碌中她的头发有些散乱，形象都顾不上了。

但就是这么一瞬间，他被感动了，那一刻她的形象就定格在了他的脑海里。

善良、热情，面对陌生人都如此热心的姑娘，一定错不了。

“所以呢？”我们巴巴地问。

“所以我就追她娶了她呗。”师兄说。

结婚后的他们，经常带年幼的孩子一起去参加公益活动，在帮助他人的过程中不断发现彼此闪光的一部分，形成牢不可分的关系。

很久前因为感情的事情咨询过我的Y姑娘，有一天突然兴致勃勃地告诉我，她恋爱了，还是异地加网恋。

Y姑娘在感情的路上受过很多伤，听说是异地加网恋，我们都有些替她担心。

Y姑娘不以为然，她给我们讲了一些细节：当初，他们俩并没有确定关系的时候，男人听说她要用钱，啪地就通过支付宝给她打过来一万块。

虽然姑娘觉得不合适没有收下，又打回去了。但通过这件事，她打心眼里感受到了对方对并不是很熟络的人的信任和敞开程度。后来，这种事情又发生了很多次，每次姑娘不经意提到手头紧张，男人就不声不响打钱过来，过几天，姑娘又打回去……

在这一来一回和日常的交往之中，彼此渐渐看清楚了对方的人品和价值观。

年少时，内心清高的我们，往往不愿意在恋爱中跟金钱扯上任何关系，似乎沾上了就是铜臭味太重，不是纯粹的感情。

稍大一点，觉得爱是需要表达的，而金钱却往往成为一件十分有用的工具。人们对金钱的态度，往往能说明很多品质。

更重要的是，姑娘发现，对方的内心善良柔软，对老人尊敬关心，对陌生人的求助也是积极回应，对人没有太多负面和扭曲的想法，夸张点说，从灵魂层面是一个非常干净的人。

姑娘说这些的时候，双眼放光。

大家被这么美好的感情深深地感动了。除了祝福，找不到更好的词汇了。

昨天看到一句话："爱一个人，始于颜值，陷于才华，忠于人品。"

越来越多人在婚恋市场上谈着筹码，她却在他身上体验到了人性的光辉。所以她愿意透过灵魂去看一个人而不是看重大家都看中的颜值、才华和物质。

在同频中体验美好

电影《美女与野兽》中讲述了一个用爱去化解诅咒的故事。

王子被变为野兽起初是因为他冷漠且凶狠地拒绝了一个衣衫褴褛的妇人用一朵玫瑰换取一个留宿地方的请求，妇人说要诅咒他，他立马求饶，但是，只有他在这玫瑰最后一片花瓣落下前学会爱别人，他才能和整个城堡的人们一起恢复原来的样子。

变成野兽的王子向贝儿的父亲索命，爱父心切的贝儿决定代替父亲，只身来到了城堡。然而，没有想到的是，这个野蛮倔强但善良，真诚而又勇敢的贝儿一点一点地征服了原本狂躁、自卑的野兽。他开始学习喝汤用勺子，学习爱护小动物，贝儿身上的光芒一点一点渗透了他冷漠自私的心，而他们之间日渐萌生的爱意也最终融化了野兽，一切褪去，整个世界都变了。

归来的，是一个懂得爱，懂得关怀，大放异彩的王子。

正如人所说："每个人都是被诅咒的，然后等待一句'我爱你'来解除咒语。"

每个人的身上，都往往交织着美与丑，善与恶，光明与黑暗……正是有对比的机会，我们才不断地看到自己可以探索和进步的空间。

无论你是否愿意相信，世界都是一面镜子，投射着我们的内心。

经常靠近一个无私的人（当然，这其实也是你内心的一种吸引），你的灵魂会被震撼和洗涤，自己也会渐渐地比以前更加无私。

而时常跟一个自私小气的人在一起，你也会渐渐地深受对方思维的影响，变得想要拼命地占有资源。

不知大家是否有过这样的经历，在一些十分齐心的正能量场合，每个人都会自动自觉地变得谦让、感恩、敞开，愿意选择信任、付出、仁爱。

并非每个人都有能力在日常生活中做到如此，但是在那样的环境下，在每个人都展现出美好一面的一个大的场能里，你自身的美好的一部分会被激发和放大。

再回到伴侣的选择上来说，身边这个朝夕相处的人确实显得很重要。

如果你想要体验人性中很美好的一部分，借着对方的爱与阳光点燃你内心的那部分爱与善，那么，选择一个这样的伴侣实在是太明智不过了。

Facebook 的创始人扎克伯格的妻子普莉希拉，颜值并不出众但是却有着一颗善良、仁慈的心，她关心人们的健康，关心地球的环境、人类的和平。正是受妻子的影响，扎克伯格才把事业的触角深入了一般企业家不曾想过的领域。

为庆祝女儿降生，扎克伯格夫妇承诺将二人持有 Facebook 的 99% 股份捐赠给慈善机构，用以推进人类潜能和促进平等。

将财产几乎是全部捐赠出去，换句话说，他们已经是在为全人类工作了。我想，拥有着这种胸襟和气度的夫妇，事业不成功都很难。

在黑暗中体验光明

从另一个角度来说，是不是我们吸引了一个相对封闭、时常充满恶意、内心扭曲的人，我们就没有机会体验到美好的一面呢？

这也是未必的。

有时候，我们的内心是需要有这种体验的，看不到恶，不足以谈善，不知道低，我们无法了解高。这都是相对的。

比方说，年纪小的时候，男人爱美女，女人爱帅哥，当然这本身也是非常美好的。可是等到有了挫折性体验，又会发现，相对于内在品质来说，这些不是排在第一位的选择。但正是有了这种之前的体验，你才会有这种收获。

一个朋友最近离婚了，问他为什么，他说："我没有喜欢上别人，也没有离婚的想法。但是，太太执意要离婚，并且整整数落了我两个小时。"

太太说，他除了贡献精子之外，对于家庭毫无贡献。

作为朋友，我们看见他陪孩子看病，带孩子打球，抑或是去图书馆看书，是属于参与度比较高的爸爸。但是，妻子缺乏感受度。

他挽留妻子没有成功，一段时间痛苦得无法自拔。

他读书，学习，思考。

后来，他从这段经历中看到：自己和前妻都缺乏一种能力，那就是缺乏同理心，都站在了自己的角度去考虑问题，所以矛盾重重。

经过这段日子的洗礼，他对自己的认识加深了，也明白了自己适合什么样的人。现在，已经有了新的关系，状态十分不错。

穿透黑暗看到光明，本身就是一种很好的磨炼。更深一点说，其实黑暗与光明也是一体的。

在生活中，我们时常可以听见"我怎么会跟这样一个人在一起？我的 Ta 为什么这么糟糕？"

可是请注意，**当你们频繁接近的时候，才会相互吸引，所以，别急着抱怨你身边的伴侣有多么不堪，事实上，你们是差不多的。**

如果你想要吸引更好的伴侣，唯一可以做的是提升你自身，成为一个更高频的存在。

对于已经有伴侣的人来说。或者你带动了原本就有意愿成长的Ta，成就你们彼此的生命升华。

或者，随着你的提升，你们之间相聚相守的能量会随之消亡，也就是大家所说的缘尽。

无论哪一种，无论跟谁结婚，无论花多少时间，我们终究会遇见自己。

阅+

如何才能碰见一个激发自己美好的人？

- 多接触能看见善意、能注重积极层面的人——向善。
- 活跃在那些流淌着爱、积极、乐观精神的圈子——融入。
- 让善意与善意碰撞，心灵得到净化——扬升。
- 遇见本真的自己——回归。